溪洛渡和向家坝水库
冲淤演变及联合优化调度

尹晔　陆琴　王汉涛　张帮稳　冯胜航　等　著

中国水利水电出版社
www.waterpub.com.cn
·北京·

内 容 提 要

本书以溪洛渡和向家坝水库为对象，开展了两库泥沙淤积现状分析、未来淤积进程模拟预测和水沙联合优化调度等方面的研究，是作者多年工作经验和成果的总结。

本书主要内容包括：金沙江流域及溪洛渡和向家坝库区的基本概况；溪洛渡和向家坝库区泥沙淤积现状；现行调度规程下溪洛渡水库和向家坝水库未来库区泥沙淤积进程；基于水沙联合调控的梯级水库优化调度；沙峰排沙优化调度。

本书适合水库管理、泥沙研究等人员参考，也适合高等院校相关专业的师生参考。

图书在版编目（CIP）数据

溪洛渡和向家坝水库冲淤演变及联合优化调度 / 尹晔等著. -- 北京 : 中国水利水电出版社, 2021.12
　　ISBN 978-7-5226-0507-4

Ⅰ. ①溪… Ⅱ. ①尹… Ⅲ. ①金沙江－水力发电站－水库淤积－河道演变 Ⅳ. ①TV752②TV145

中国版本图书馆CIP数据核字(2022)第031738号

书　　名	溪洛渡和向家坝水库冲淤演变及联合优化调度 XILUODU HE XIANGJIABA SHUIKU CHONGYU YANBIAN JI LIANHE YOUHUA DIAODU
作　　者	尹晔　陆琴　王汉涛　张帮稳　冯胜航　等 著
出版发行	中国水利水电出版社 （北京市海淀区玉渊潭南路 1 号 D 座　100038） 网址：www.waterpub.com.cn E - mail：sales@mwr.gov.cn 电话：(010) 68545888（营销中心）
经　　售	北京科水图书销售有限公司 电话：(010) 68545874、63202643 全国各地新华书店和相关出版物销售网点
排　　版	中国水利水电出版社微机排版中心
印　　刷	天津嘉恒印务有限公司
规　　格	184mm×260mm　16 开本　8.25 印张　201 千字
版　　次	2021 年 12 月第 1 版　2021 年 12 月第 1 次印刷
印　　数	0001—1000 册
定　　价	**58.00 元**

前　言

　　金沙江流域具有径流丰沛且较稳定、河道落差大、水能资源丰富、开发条件较好等特点，是全国最大的水电能源基地。随着我国经济社会的快速发展，金沙江下游大型梯级水库群——乌东德、白鹤滩、溪洛渡和向家坝水库陆续建成运用。水库综合效益的发挥取决于水库防洪、发电、航运、灌溉、生态等各运用目标的实现及协调，而库区泥沙淤积问题直接关系到水库有效库容的保持，对水库防洪、发电等综合效益的发挥有着决定性的影响。

　　溪洛渡和向家坝水电站均以发电为主，兼有防洪、拦沙和改善通航条件等综合效益。随着金沙江中下游和雅砻江上梯级水库的相继建成运用，溪洛渡和向家坝水库的入库水沙条件发生了显著改变，将对两库淤积进程产生深远影响；同时上游乌东德和白鹤滩水库相继建成运用也极大地释放了溪洛渡和向家坝水库的防洪压力，为两库优化调度运用提供了有利条件。本书以溪洛渡和向家坝水库为对象，开展两库泥沙淤积现状分析、未来淤积进程模拟预测和水沙联合优化调度等方面的研究，是作者多年工作经验和成果的总结。首先，介绍了金沙江流域和溪洛渡、向家坝水库的基本概况，系统分析了两库库区淤积现状；然后研究分析了现行调度规程下未来两库泥沙淤积进程，进一步开展了两库汛期运用水位动态调整、汛后蓄水时机和蓄水次序、沙峰排沙调度等基于水沙联合调控的梯级水库联合优化调度研究。研究成果可为金沙江下游梯级水库运行管理及优化调度提供参考。

　　全书共分五章，第一章简要介绍了金沙江流域及溪洛渡和向家坝库区的基本概况，由尹晔、王汉涛撰写；第二章介绍了溪洛渡和向家坝库区泥沙淤积现状，由冯胜航、王党伟撰写；第三章介绍了现行调度规程下溪洛渡和向家坝水库未来库区泥沙淤积进程，由陆琴、尹晔撰写；第四章介绍了基于水沙联合调控的梯级水库优化调度，由陆琴、王汉涛撰写；第五章介绍了沙峰排沙优化调度，由张帮稳撰写。全书由陆琴、尹晔负责统稿。

　　本书获得国家自然科学基金项目"金沙江下游干流枢纽群泥沙动态调控研究"（U2040217）资助。参与本书编写的人员还有中国水利水电科学研究院的郭庆超、邓安军、史红玲、董占地、胡海华，三峡水利枢纽梯级调度通信中心的陈翠华、赵南山，在此一并致以由衷的感谢！

由于问题的复杂性，加之作者的学术水平和表达能力有限，书中难免有谬误之处，敬请读者批评指正。

作者

2021 年 10 月

目 录

第一章

基 本 概 况

第一节 流 域 概 况

一、地理条件

金沙江主源发源于青藏高原唐古拉山脉主峰格拉丹冬峰（海拔 6621m）与姜根迪如峰（海拔 6545m）之间，在发源于尕恰迪如岗（海拔 6513m）雪山的两条支流汇入后称纳钦曲，在切美苏曲汇入后称沱沱河。穿过祖尔肯乌拉山区后约 125km，江塔曲从左岸汇入，流向折向东，至囊极巴拢当曲由南岸汇入后称通天河。当楚玛尔河汇入后，流向折转东南，过直门达水文站后，干流始称金沙江。

通天河下段至直门达河段，河流呈现西北—东南流向，通天河与楚玛尔河汇合以后，河道较顺直，河槽渐趋稳定，河流比降增大，两岸山势增高，逐渐进入高原峡谷区。沱沱河和通天河干流全长 1180km，落差 1863m，平均比降 1.59‰。

金沙江干流以石鼓和攀枝花为界，分为上、中、下游。其中：巴塘河口以下进入横断山纵谷区，南流至石鼓，为金沙江上游。金沙江上游段河长 958km，区间流域面积 7.65 万 km²，为典型的深谷河段，特别是横断山纵谷段，河流穿行于高山峡谷之间，河道下切深，平均比降 1.76‰，水流湍急，两岸山势陡峭，河谷至两岸山顶相对高差可达 2500m 以上。

石鼓至攀枝花为金沙江中游，区间流域面积 4.5 万 km²，干流河长约 564km，河道平均比降 1.48‰，本段流向曲折迂回，河道水流流态复杂，两岸山势丰富多变。南流的金沙江过石鼓后，大转弯向北奔流，形成"长江第一湾"，穿过著名的虎跳峡大峡谷，又复南流，抵金江街以后折向东流至攀枝花。至金江街以后，脱离横断山脉进入川滇山地后，河谷较宽，两岸山岭相对较低，河道水流相对平稳。

从四川省攀枝花至宜宾市岷江口为金沙江下游，区间流域面积 21.4 万 km²，干流河长约 768km，河道平均比降 0.93‰。总的流向是自西南向东北流，除局部河段在四川省或云南省境内，绝大部分河段为川滇两省界河。域内地势东北高西南低，东北部的大凉山脉海拔 3000～4000m，西南部的鲁南山及龙帚山脉海拔 2500～3000m，而金沙江河谷海拔则在 260～1000m。干支流沿河大都为高山峡谷，河窄岸陡，仅干流少数河段及一些支流中上游有局部宽谷盆地。

金沙江下游段水系发达，主要一级支流有右岸的龙川江、勐果河、普渡河、小江、以礼河、牛栏江、团结河、细沙河、大汶溪、横江；左岸的雅砻江、普隆河、鲹鱼河、黑水河、尼姑河、西溪河、芦稿河、金阳河、美姑河、西苏角河、西宁河、中都河等。

二、水沙概况

金沙江干流主要设有直门达、石鼓、攀枝花、三堆子、乌东德、华弹、屏山和向家坝等主要水文站，金沙江下游重要支流雅砻江、横江、龙川江、黑水河、牛栏江等也布设了水文控制站，如图 1-1 所示，控制着金沙江下游干支流的水沙变化。

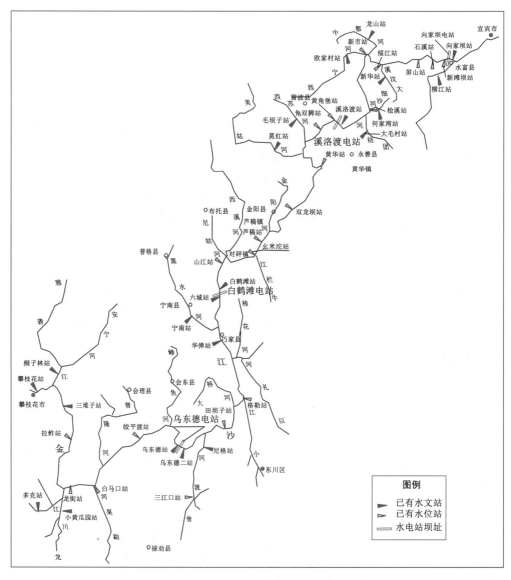

图 1-1 金沙江下游河道水文站布置示意图（2014 年）

金沙江下游径流主要来自攀枝花以上干流及区间支流，干流水沙量见表 1-1。攀枝花—屏山段年均径流量沿程增大，攀枝花站、华弹站、屏山站多年平均径流量分别为566.4 亿 m³、1255 亿 m³ 和 1437 亿 m³，且不同时期各站年均径流量变化不大。攀枝花—屏山段年均输沙量也是沿程增加的，攀枝花站、华弹站、屏山站多年平均输沙量分别为4947 万 t、16600 万 t 和 23175 万 t，年均含沙量也由 0.87kg/m³、1.32kg/m³ 增大到1.61kg/m³，但是不同时期各站年均输沙量变化较大，其中攀枝花站输沙量有增加趋势，而华弹站和屏山站年均输沙量减小趋势明显。

表 1-1　　　　　　　　金沙江下游干流控制水文站水沙年际变化统计

统 计 值	攀枝花站		华弹站		屏山站	
	年径流量/亿 m³	年输沙量/万 t	年径流量/亿 m³	年输沙量/万 t	年径流量/亿 m³	年输沙量/万 t
多年均值	566.4	4947	1255	16600	1437	23175
1998 年前均值	539.9	4594	1224	17401	1420	25011
1998—2013 年均值	619.3	5632	1331	14596	1484	18127
变化值 1/%	14.7	22.6	8.7	-16.1	4.5	-27.5
变化值 2/%	9.3	13.8	6.1	-12.1	3.3	-21.8

注　1. 1998 年前均值统计年份：攀枝花站、华弹站、屏山站分别为 1966—1997 年、1958—1997 年、1954—1997 年。

　　2. 变化值 1、变化值 2 分别指 1998—2013 年均值相对于 1998 年前均值、多年均值的变化。

　　3. 屏山站 2012 年、2013 年资料采用向家坝站。

金沙江下游水沙年内分配基本相应，输沙量较径流量分配更为集中。攀枝花、华弹和屏山等主要控制站汛期 5—10 月径流量、输沙量分别占全年的 74.2%～82.8% 和 90.8%～98.2%，主汛期 7—9 月径流量、输沙量分别占全年的 49.5%～58.7% 和 72.2%～86.4%。金沙江的汛期洪水总量一般约占宜昌以上洪水总量的 1/3，金沙江洪水主要发生在汛期 7—9 月。各地区在 7—9 月内发生洪水的可能性均在 94% 以上。

金沙江下段水沙异源、不平衡现象十分突出，悬移质泥沙的沿程补给具有明显的地域性，其径流输沙地区组成见表 1-2 和表 1-3。攀枝花以上流域面积为 25.92 万 km²，占屏山站控制面积的 56.5%，年均来水量 566 亿 m³，占屏山断面的 39.4%，年均来沙量4947 万 t，约占屏山断面的 21.3%，平均含沙量 0.87kg/m³，来沙量较少；雅砻江是金沙江最大支流，流域面积 12.8 万 km²，占屏山断面的 28%，年均来水量 592 亿 m³，占屏山断面的 41.2%，年均来沙量 3610 万 t，约占屏山断面的 15.6%，平均含沙量仅 0.61kg/m³，来沙量较少；雅砻江汇口至屏山区间集水面积为 7.1 万 km²，占屏山站集水面积的15.5%，区间年均来水量为 279 亿 m³，约占屏山断面的 19.4%，年均来沙量 14618 万 t，约占屏山断面的 63.1%，平均含沙量高达 5.2kg/m³，是雅砻江汇口以上区域的 7 倍，是金沙江的重要产沙区，区间来沙对水库泥沙淤积影响重大。

表 1-2　　　　　　　　　　　　金沙江下段径流地区组成

河 名	测 站	集水面积		径 流 量					
				多年平均		1998 年前		1998—2012 年	
		km²	占屏山/%	亿 m³	占屏山/%	亿 m³	占屏山/%	亿 m³	占屏山/%
金沙江	攀枝花	259177	56.5	566	39.4	524	37.4	626	41.4
雅砻江	桐子林	128363	28	592	41.2	583	41.7	612	40.5
龙川江	小黄瓜园	5560	1.2	7.38	0.5	7.26	0.5	7.67	0.5
金沙江	华弹	425948	92.9	1255	87.3	1220	87.1	1350	89.4
黑水河	宁南	3074	0.7	21.1	1.5	20.9	1.5	21.5	1.4
美姑河	美姑	1607	0.4	10.4	0.7	10.5	0.8	10.1	0.7
攀枝花—桐子林—华弹区间		50281	11	102	7.1	113	8.1	113	7.5
华弹—屏山区间		32644	7.1	160	11.1	180	12.9	159	10.6
金沙江	屏山	458592	100	1437	100	1400	100	1510	100
横江	横江			83.5		86.6		75.9	

注　桐子林站 1963—1998 年采用安宁河的湾滩站与雅砻江干流的小得石站之和，1999—2012 年采用桐子林站实测资料。

表 1-3　　　　　　　　　　　　金沙江下段输沙地区组成

河 名	测 站	集水面积		来 沙 量					
				多年平均		1998 年前		1998—2012 年	
		km²	占屏山/%	万 t	占屏山/%	万 t	占屏山/%	万 t	占屏山/%
金沙江	攀枝花	259177	56.5	4947	21.3	4590	18.4	5970	30.9
雅砻江	桐子林	128363	28	3610	15.6	4440	17.8	1730	9
龙川江	小黄瓜园	5560	1.2	454	2	453	1.8	458	2.4
金沙江	华弹	425948	92.9	16600	71.6	17400	69.9	15200	78.8
黑水河	宁南	3074	0.7	462	2	439	1.8	515	2.7
美姑河	美姑	1607	0.4	177	0.8	188	0.8	151	0.8
攀枝花—桐子林—华弹区间		50281	11	8040	34.7	8510	34.2	7500	38.9
华弹—屏山区间		32644	7.1	6400	27.6	7500	30.1	4100	21.2
金沙江	屏山	458592	100	23175	100	24900	100	19300	100
横江	横江			1210		1370		843	

注　桐子林站 1963—1998 年采用安宁河的湾滩站与雅砻江干流的小得石站之和，1999—2012 年采用桐子林站实测资料。

第二节　梯级水电站概况

当前，全球变暖、能源短缺、环境污染等问题成为全社会关注的焦点，大力推进新能源、可再生能源开发，成为解决能源问题、缓解环境危机的关键。水电作为占有率大、利用率高、技术成熟的清洁能源，承担着防洪、发电、调峰、航运、供水、生态调节等各项重任，在我国能源战略发展中具有重要的地位。金沙江从上段到下段的水能资源越来越富集，梯级规划越来越少，电站装机规模越来越大。特别是金沙江下段，由于雅砻江的汇入，使得金沙江的流量大增，水能资源最富集。目前，金沙江下游有乌东德、白鹤滩、溪洛渡和向家坝四个梯级电站，发挥了巨大的防洪、发电、航运、供水、生态等效益。

一、溪洛渡水电站

溪洛渡水电站位于四川省雷波县和云南省永善县分界的金沙江溪洛渡峡谷，是金沙江下游河段四个梯级电站的第三级。坝址距离宜宾市河道里程 184km。电站坝址处控制流域面积 45.44 万 km^2，占金沙江流域面积的 96%。多年平均径流量 1440 亿 m^3，多年平均流量 $4570m^3/s$，多年平均悬移质输沙量为 2.47 亿 t，多年平均含沙量 $1.72kg/m^3$。

溪洛渡水电站以发电为主，兼有防洪、拦沙和改善库区及下游江段航运条件等综合利用效益。开发目标主要是"西电东送"，满足华东、华中经济发展的用电需求，兼顾四川、重庆、云南的用电需要；溪洛渡水库防洪库容大，能有效拦蓄金沙江洪水，减少进入三峡水库的洪量，配合三峡水库使用，在遭遇特大洪水时，减少长江中下游分洪量，使长江中下游防洪标准进一步提高，充分发挥三峡工程的综合效益，促进西部大开发，实现国民经济的可持续发展。

溪洛渡水电站正常蓄水位 600m，正常蓄水位下水库回水长 199km，限制水位 560m，死水位 540m。正常蓄水位时水库库容 115.7 亿 m^3，调节库容 64.6 亿 m^3，防洪库容 46.5 亿 m^3，死库容 51.1 亿 m^3，具有不完全年调节性能。电站总装机 1386 万 kW，近期保证出力 379.5 万 kW，年发电量 570.7 亿 kW·h。工程于 2005 年 12 月 26 日正式开工，2007 年 11 月 8 日大江截流，2013 年 7 月首批机组发电。溪洛渡坝前库区如图 1-2 所示。

图 1-2 溪洛渡坝前库区

溪洛渡水库干流库区从白鹤滩坝址至溪洛渡坝址，该区域水系发达，支流较多。右岸有牛栏江等支流汇入；左岸有西苏角河、美姑河、金阳河、西溪河、尼姑河等支流汇入。主要库区可分为：金沙江干流库区及支流西溪河、牛栏江、美姑河库区。其支流库区相应汇入口距坝址的里程分别为 171.1km、146.2km、37.6km。流域内降水季节性强，年内分配集中，5—10 月为雨季，11 月至翌年 4 月为干季。区间支流暴雨强度大，洪水汇流历时短，洪水暴涨暴落，属典型的山溪性河流。

二、向家坝水电站

向家坝水电站位于四川省宜宾县和云南省水富县交界的金沙江峡谷出口处，下距宜宾市 33km，是金沙江下游河段四个梯级电站的最后一级。坝址控制流域面积 45.88 万 km²，占金沙江流域面积的 97%，控制了金沙江的主要暴雨区和产沙区。多年平均径流量 1440 亿 m³，多年平均流量 4570m³/s，多年平均悬移质输沙量为 2.47 亿 t，多年平均含沙量 1.72kg/m³。向家坝水电工程全貌如图 1-3 所示。

图 1-3　向家坝水电工程全貌

电站以发电为主，兼有航运、灌溉、拦沙、防洪等综合效益。水库正常蓄水位 380m，相应库容 49.77 亿 m³，调节库容 9.03 亿 m³，具有季调节性能。电站装机容量 640 万 kW，与溪洛渡联合运行时年发电量 307.47 亿 kW·h，保证出力 200 万 kW。向家坝水电工程于 2008 年 12 月实现截流，2012 年 10 月 10 日下闸蓄水。

向家坝库区干流回水长度（至溪洛渡坝址）156.6km，库区绝大部分河段为狭窄的 V 形和 U 形河谷，平均水面宽约 610m，为典型的山区狭长河道型水库。库区主要支流有西宁河、中都河和大汶溪，入汇口距坝址里程均在 80km 以内，均位于死水位回水区，3 条支流总集水面积 1891km²，库容合计 1.29 亿 m³，占总库容的 2.6%。

第三节　水库泥沙淤积问题

溪洛渡和向家坝水电站均以发电为主，兼有防洪、拦沙和改善库区及下游江段航运条件等综合利用效益，是长江流域防洪体系中的重要工程，配合三峡水库对长江中下游地区进行防洪调度，对三峡水库入库洪水过程具有持续、稳定的消减作用。

2012 年、2013 年向家坝和溪洛渡相继蓄水运行，金沙江干支流及区间输送至河道内的泥沙基本被这 2 级电站拦截，且绝大部分淤积在溪洛渡水库库区，金沙江出口向家坝站年均输沙量锐减。水文泥沙监测资料显示，溪洛渡和向家坝两水电站投入运行后的 2013—2017 年，溪洛渡水电站总入库沙量 52873 万 t，出库沙量 1380 万 t，累积淤积 51493 万 t，排沙比为 2.6%；向家坝水电站总入库沙量 3367 万 t，出库沙量 849 万 t，累积淤积 2518 万 t，排沙比为 25.2%；两库联合排沙比仅为 1.5%。即向家坝、溪洛渡两水电站蓄水运用以来，入库 98.5% 的悬移质泥沙和全部推移质泥沙均淤积在两个库区，造成溪洛渡水电站年均损失库容 10700 万 m^3，向家坝水电站年均损失库容 922 万 m^3。无论从排沙比还是从绝对数量看，两库泥沙淤积都比较严重。水库综合效益的发挥取决于水库防洪、发电、航运、减淤等各运用目标的实现及协调，而库区泥沙淤积形态和淤积量直接关系水库有效库容的保持，对水库防洪、发电等综合效益的发挥有着决定性的影响。水库泥沙淤积必然会导致库容减少，库尾淤积又会导致洪水位抬高和减少上游梯级发电水头，从而影响梯级水库的综合效益。

水库泥沙淤积不仅影响水电站综合效益的发挥，同时也会对下游河道产生巨大影响。水库蓄水运用初期，大部分泥沙淤积在库内，受清水下泄影响，下游河道的水流挟沙能力有很大富余，不仅可以强烈冲刷河床中较细的床沙，而且较粗的床沙也可能以推移质的形式向下游运动，将使下游河道长期处于冲刷状态，甚至导致部分河段的河床大幅度下切，给消力池、下游护坦、引航道、桥梁、码头等重要涉水工程运行安全带来较大影响。

开展溪洛渡和向家坝水库冲淤演变和联合优化调度研究，考虑上游梯级水库建设对入库水沙条件的影响，分析不同调度方案下两库泥沙淤积发展过程、淤积总量、淤积分布、洪水位变化、库容变化、变动回水区的冲淤、库尾水位对发电水头的影响等关键参数，正确把握两库泥沙淤积进程与梯级水库联合调度的响应关系，为新形势下金沙江下游梯级水库运行管理及联合优化调度提供技术支撑。

第二章

溪洛渡和向家坝库区
泥沙淤积现状

水库泥沙问题是水电站建设中的关键技术难题之一，伴随着工程规划、设计、施工和调度运行的全过程。溪洛渡、向家坝梯级水库作为金沙江下游重要的梯级水库，库区泥沙淤积直接关系到水库有效库容的保持，不仅对水库防洪、发电等综合效益的发挥有着决定性的影响，同时对三峡水库运用以及长江中下游防洪有着重要意义。本章基于金沙江下游溪洛渡、向家坝水库中水文站的实测水沙资料和大断面地形资料，分析库区淤积量、淤积形态和库区河道形态调整情况，为预测和优化梯级水库的调度提供一定的依据。

第一节　溪洛渡库区泥沙淤积分析

一、库区淤积量

根据库区原型断面观测资料，计算设计死水位 540m、防洪限制水位 560m 和正常蓄水位 600m 下库区干支流河道冲淤量见表 2-1～表 2-3。2014 年 5 月—2018 年 10 月库区干支流在设计死水位下共淤积泥沙 39745.7 万 m^3，防洪限制水位下淤积泥沙 43976.5 万 m^3，正常蓄水位下共淤积泥沙 43625.1 万 m^3。设计死水位下干流库区约淤积泥沙 38668 万 m^3，支流库区淤积泥沙 1077.7 万 m^3；防洪限制水位下干流库区约淤积泥沙 42058 万 m^3，支流库区淤积泥沙 1918.5 万 m^3。正常蓄水位下干流库区共淤积泥沙 41902 万 m^3，约占库区泥沙淤积总量的 96.1%，年均淤积泥沙 9311 万 m^3；支流库区共淤积泥沙 1723.1 万 m^3，约占库区淤积总量的 3.9%，年均淤积 383 万 m^3，其中以美姑河淤积最多，共淤积泥沙 990.9 万 m^3，占支流淤积泥沙总量的 57.5%，年均淤积 220.2 万 m^3；尼姑河淤积最少，淤积泥沙 1.0 万 m^3，仅占支流淤积总量的 0.058%，年均淤积 0.22 万 m^3。

溪洛渡干流库区在正常蓄水位下逐年淤积量基本相当，年均淤积在 20% 左右。支流的淤积发展过程与干流库区不完全一致，具有不同步性。西苏角河、美姑河距离坝址较近，两支流河段的冲淤规律趋于一致，在 2014 年 5—10 月发生冲刷，随后淤积持续累计增加。金阳河与牛栏江位于库区中段，和干流库区的冲淤规律基本一致，累计淤积量逐年稳步增加。西溪河与尼姑河处于变动回水区，距离坝址较远，受水库蓄水影响较小，冲淤

表 2-1　　　　　　　　设计死水位的库区干支流河道冲淤量　　　　　单位：万 m³

时　间	干流	西苏角河	美姑河	金阳河	牛栏江	西溪河	尼姑河	库区
2014 年 5—10 月	9337	11.3	42.4	9.5	36.2	0	0	9436.4
2014 年 10 月—2015 年 12 月	9386	53.6	201.2	11.7	8.4	0	0	9660.9
2015 年 12 月—2016 年 10 月	6819	48.2	151.0	1.9	2.9	0	0	7023.0
2016 年 10 月—2017 年 11 月	7590	48.8	278.4	5.8	0.0	0	0	7923.0
2017 年 11 月—2018 年 10 月	5536	15.8	138.1	12.3	0.0	0	0	5702.2
2014 年 5 月—2018 年 10 月	38668	177.7	811.2	41.2	47.6	0	0	39745.7

表 2-2　　　　　　　　防洪限制水位的库区干支流河道冲淤量　　　　　单位：万 m³

时　间	干流	西苏角河	美姑河	金阳河	牛栏江	西溪河	尼姑河	库区
2014 年 5—10 月	10276	13.5	83.0	40.6	110.3	6.2		10529.6
2014 年 10 月—2015 年 12 月	10044	52.6	269.0	42.7	88.9	−0.2		10497.0
2015 年 12 月—2016 年 10 月	7142	48.9	273.8	26.4	53.9	0.2		7545.2
2016 年 10 月—2017 年 11 月	7890	135.8	315.7	15.7	−2.7			8354.5
2017 年 11 月—2018 年 10 月	6707	27.0	222.3	39.4	55.5	−0.2		7051.0
2014 年 5 月—2018 年 10 月	42058	277.9	1163.8	164.0	305.9	6.0	0	43976.5

表 2-3　　　　　　　　正常蓄水位的库区干支流河道冲淤量　　　　　单位：万 m³

时　间	干流	西苏角河	美姑河	金阳河	牛栏江	西溪河	尼姑河	库区
2014 年 5—10 月	10415	−24.2	−94.6	47.4	113.9	12.1	5.0	10474.6
2014 年 10 月—2015 年 12 月	9300	16.9	195.2	36.7	81.5	−4.2	−2.3	9623.8
2015 年 12 月—2016 年 10 月	6775	95.8	367.1	10.4	45.3	4.2	0.0	7297.8
2016 年 10 月—2017 年 11 月	8104	122.1	263.6	26.9	1.5	−2.8	1.8	8517.1
2017 年 11 月—2018 年 10 月	7307	42.7	259.6	47.1	58.7	−0.9	−3.5	7710.7
2014 年 5 月—2018 年 10 月	41902	253.3	990.9	168.5	300.9	8.5	1.0	43625.1

量相对较小，逐年冲淤变化不大。各支流淤积发展过程的年际分配相对差异很大。西苏角河年际最大淤积量占河道累积淤积量的 48.2%。金阳河年际最大淤积量占河道累积淤积量的 28.1%。美姑河与牛栏江年际最大淤积量均占河道累积淤积量的 37% 左右。西溪河与尼姑河在 2014 年 5—10 月淤积较多，但总体年际淤积变化不大。综上分析，支流的淤积过程多在某一时段发生大幅度集中淤积，其他时段淤积量相对较少，年际淤积量分布不均。

2014 年 5 月—2018 年 10 月的溪洛渡干流库区设计死水位 540m、防洪限制水位 560m、正常蓄水位 600m 下的淤积量的年内分布如图 2-1 所示。干流库区正常蓄水位下淤积量表现汛期淤积、非汛期略冲刷（或为伪冲刷）。支流库区汛期始终淤积，非汛期在水库运用前两年（2014 年 10 月—2015 年 5 月、2015 年 12 月—2016 年 5 月）表现淤积，随后两年（2016 年 10 月—2017 年 5 月、2017 年 11 月—2018 年 5 月）转为冲刷。

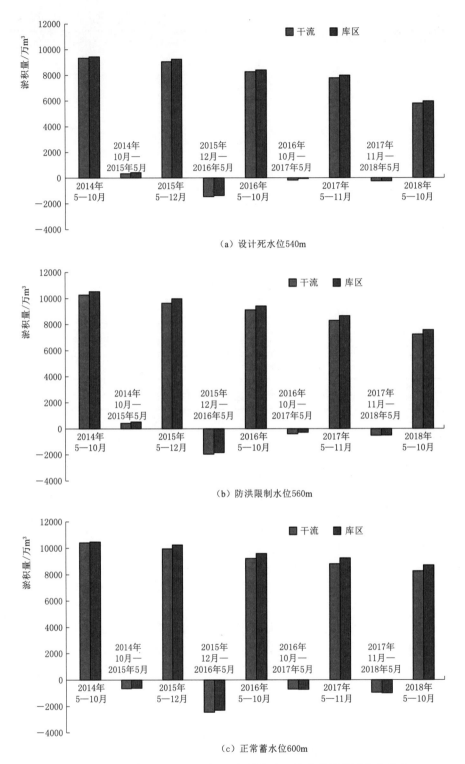

（a）设计死水位540m

（b）防洪限制水位560m

（c）正常蓄水位600m

图 2-1 2014 年 5 月—2018 年 10 月溪洛渡干流库区淤积量年内分布

二、库区淤积量空间分布

基于断面法计算的溪洛渡设计死水位540m、防洪限制水位560m、正常蓄水位600m下干流库区沿程累积淤积量变化如图 2-2 所示。库区淤积泥沙主要集中在常年回水区，2014 年 5 月至 2018 年 10 月常年回水区共淤积泥沙 38970 万 m³，占总淤积量的 93.0%；变动回水区淤积泥沙 2932 万 m³，只占总淤积量的 7%。

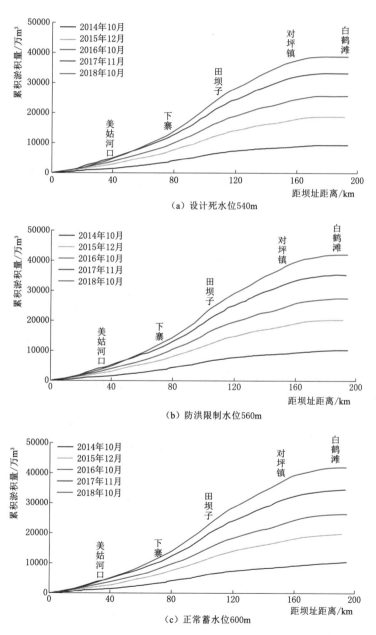

图 2-2　溪洛渡干流库区沿程累积淤积量变化

正常蓄水位下干流库区淤积量见表 2-4。变动回水区淤积量年际变化较大，河段淤积量占相应年份干流淤积量的比例为 0.3%～12.4%，蓄水初期（2014 年 5—10 月）淤积量及淤积比例均为各时段最多；对坪镇至田坝子河段淤积量逐年总体增加，2014 年 5—10 月该河段淤积量仅占干流淤积量的 21.8%，2017 年 11 月—2018 年 10 月该河段淤积比例增加到 40.2%；田坝子至下寨河段淤积量占干流河段淤积量的比例逐年变化较为稳定，年均约为 28.1%；下寨至美姑河口河段逐年淤积量比例变化亦相差不大，年均占比 23.6%；美姑河口至坝址河段除 2017 年 11 月—2018 年 10 月出现冲刷外，其余年份淤积量变化相对平稳，占比均在 13% 左右。在 2014 年 5 月—2018 年 10 月的 4.5 年时间内对坪镇至美姑河口长约 121km 的河段，共淤积泥沙 34860 万 m³，占干流库区总淤积量的 83.2%，是干流库区泥沙淤积分布的主要区域。

表 2-4　　　　　　　　　正常蓄水位下干流库区淤积量　　　　　　　　单位：万 m³

| 时　间 | 变动回水区 | 常 年 回 水 区 | | | | 库区 |
	白鹤滩—对坪镇	对坪镇—田坝子	田坝子—下寨	下寨—美姑河口	美姑河口—坝址	白鹤滩—坝址
距坝距离/km	195.1～159.1	159.1～113.1	113.1～81.9	81.9～37.9	37.9～0	195.1～0
河段长度/km	36	46	31.2	44	37.9	195.1
2014 年 5—10 月	1288	2266	2664	2800	1397	10415
2014 年 10 月—2015 年 12 月	352	2983	2522	2300	1144	9300
2015 年 12 月—2016 年 10 月	702	2089	1967	1191	826	6775
2016 年 10 月—2017 年 11 月	22	2840	2384	1751	1107	8104
2017 年 11 月—2018 年 10 月	567	2937	2163	2006	-366	7307
2014 年 5 月—2018 年 10 月	2932	13115	11699	10046	4109	41902

干流库区在正常蓄水位下汛期、非汛期、全年的河段淤积强度如图 2-3 所示，汛期、全年干流河段淤积强度具有"中间大，两端小"的特点，淤积强度分布呈向下开口的抛物线形态，淤积重心在距坝址 90～100km，田坝子至下寨河段淤积强度较大；非汛期淤积重心上移，田坝子至对坪镇河段淤积强度较大。2014 年 5 月—2018 年 10 月干流河段年均淤积强度 48 万 m³/(km·a)。田坝子至下寨河段淤积强度达到 83 万 m³/(km·a)。对坪镇至田坝子、下寨至美姑河口河段淤积强度均在 50 万 m³/(km·a) 以上，变动回水区淤积强度较小，为 18 万 m³/(km·a)。

溪洛渡库区干支流在特征水位下的泥沙淤积量见表 2-5。设计死水位下干支流淤积泥沙 39745.7 万 m³，占总淤积量的 91.1%，淤损死库容 7.8%，减少有效库容 3879 万 m³，有效库容淤损率约为 0.6%；防洪限制水位下干支流淤积泥沙 43976.5 万 m³，变动回水区发生冲刷，防洪库容增加 0.08%；正常蓄水位下淤积量占水库总库容的 3.8%。

基于 2013 年 10 月、2016 年 10 月及 2020 年 11 月溪洛渡库区干流河道的地形数据，计算 2013 年 10 月—2016 年 10 月、2016 年 10 月—2020 年 11 月库区干流河道的冲淤厚度分布如图 2-4 和图 2-5 所示。总体而言，泥沙淤积主要集中在河道主槽，在河道中形

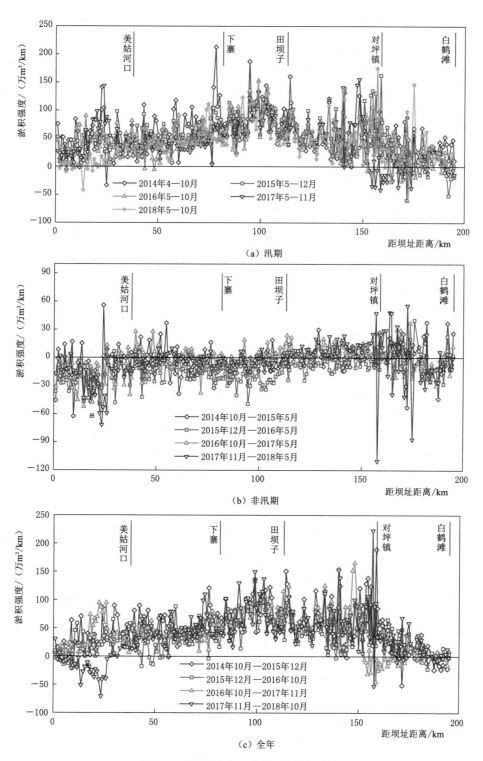

（a）汛期

（b）非汛期

（c）全年

图 2-3　溪洛渡库区淤积强度沿程分布

表 2-5 　　　　　　　　　特征水位条件下库区干支流泥沙淤积量 　　　　　　　单位：万 m³

特征水位	干流	西苏角河	美姑河	金阳河	牛栏江	西溪河	尼姑河	合计
设计死水位 540m	38668	177.7	811.2	41.2	47.6	0.0	0.0	39745.7
防洪限制水位 560m	42058	277.9	1163.8	164.9	305.9	6.0	0.0	43976.5
正常蓄水位 600m	41902	253.3	990.9	168.5	300.9	8.5	1.0	43625.1

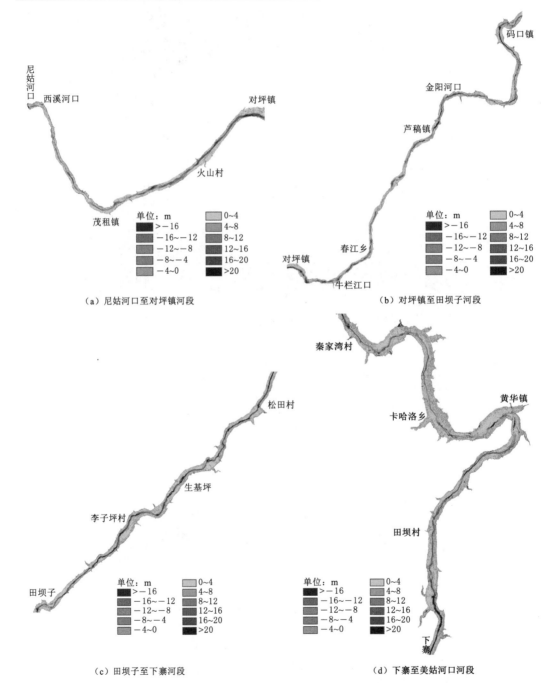

图 2-4 （一） 2013 年 10 月—2016 年 10 月溪洛渡库区干流河段冲淤厚度分布

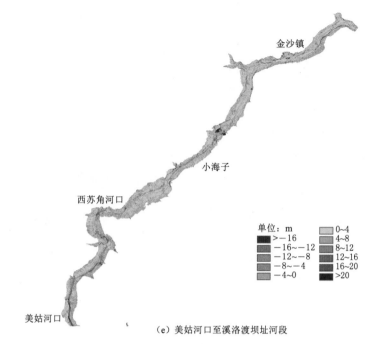

（e）美姑河口至溪洛渡坝址河段

图 2-4（二） 2013 年 10 月—2016 年 10 月溪洛渡库区干流河段冲淤厚度分布

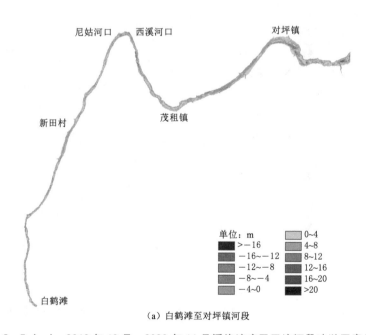

（a）白鹤滩至对坪镇河段

图 2-5（一） 2016 年 10 月—2020 年 11 月溪洛渡库区干流河段冲淤厚度分布

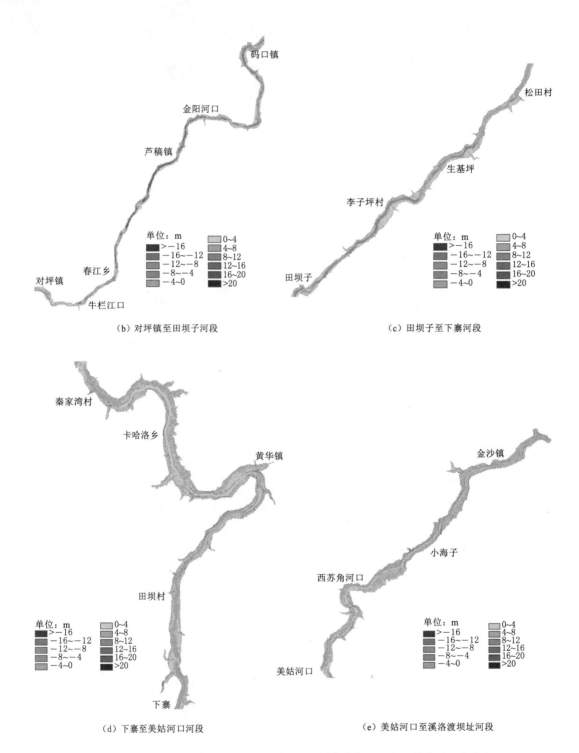

（b）对坪镇至田坝子河段

（c）田坝子至下寨河段

（d）下寨至美姑河口河段

（e）美姑河口至溪洛渡坝址河段

图 2-5（二）　2016 年 10 月—2020 年 11 月溪洛渡库区干流河段冲淤厚度分布

成连续的淤积带，淤积带沿河道深泓线分布。对比 2013 年 10 月—2016 年 10 月及 2016 年 10 月—2020 年 11 月干流河道的淤积情况，虽然前者统计时间间隔要更短些，但其干流河道淤积厚度更大。如变动回水区尼姑河口至对坪镇河段 2013 年 10 月—2016 年 10 月河道主槽表现淤积，具有明显淤积带，局部淤积厚度仍达到 16m 以上，2016 年 10 月—2020 年 11 月该河段已无明显的淤积表现，冲刷淤积交替其中，该时期白鹤滩至尼姑河口段亦是如此；田坝子至下寨河段在前一统计时段淤积带厚度基本大于 12m，后一统计时段则基本小于 12m；2013 年 10 月—2016 年 10 月坝前美姑河口至坝址段，部分河段淤积带厚度达到 8~12m，而 2016 年 10 月—2020 年 11 月该河段淤积带厚度基本在 0~4m，个别区域淤积厚度达到 4~8m。尽管后一统计时段的河道淤积厚度略小些，但其断面淤积宽度增加，全河段累计淤积。

三、库区河道形态调整

干流库区深泓纵剖面变化过程如图 2-6 所示，深泓点高程变化过程如图 2-7 所示。纵剖面形态整体呈带状淤积，从库尾到坝前段深泓抬升整体较为均匀。2014 年 5 月—2018 年 10 月干流库区深泓点高程平均抬升 14.0m，特别是库区中段深泓高程出现大幅抬升，最大抬升幅度达 33.6m，距坝址 113.7km。下寨至田坝子深泓抬升幅度最大，深泓点高程平均抬升 21.9m，美姑河口至下寨与田坝子至对坪镇的深泓抬升幅度相当，深泓点高程平均抬升约 16m 左右，变动回水区深泓点高程平均抬升 9.0m，美姑河口至坝址段深泓点高程抬升幅度最小，河道深泓点高程平均抬升 6.6m。干流库区深泓纵剖面比降基本不变，在 0.95‰左右。白鹤滩至对坪镇河段纵剖面比降调整最为剧烈，由 1.40‰调整至 1.00‰；田坝子至下寨河段纵剖面比降由 0.89‰调整至 0.85‰；美姑河口至坝址段纵剖面比降略有增加，由 0.25‰增加至 0.51‰。

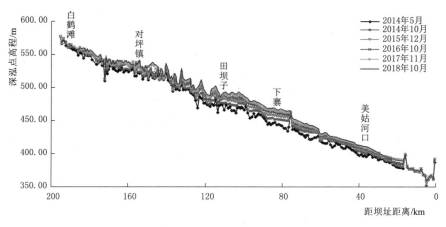

图 2-6　干流库区深泓纵剖面变化过程

基于 221 个原型断面的观测资料，统计了 2014 年 5 月—2018 年 10 月的断面过水面积变幅见表 2-6。在 4 年半时间内，仅有变动回水区的 2 个断面发生冲刷，其余断面均发生淤积，断面过水面积最大淤积减少达 22%。

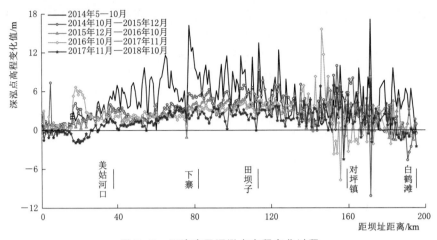

图 2-7 干流库区深泓点高程变化过程

表 2-6   断面过水面积变幅统计

统计项目	河床淤积					河床冲刷
	<-20%	-20%~-15%	-15%~-10%	-10%~-5%	-5%~0	0~5%
断面数量/个	1	4	25	87	102	2
断面数量占比/%	0.5	1.8	11.3	39.4	46.2	0.9

变动回水区典型断面冲淤变化如图 2-8 所示,断面形态以 U 形和 V 形为主,正常蓄水位下河宽基本不超过 400m。断面地形冲淤变化主要发生在主槽,断面主槽普遍淤积。如 JB180、JB193 断面,主槽基本平行抬升,2018 年 10 月断面过水面积分别较 2014 年 5 月减少 9.8%、10.2%;JB199 断面地处弯道段,存在环流作用,泥沙淤积主要集中在凸岸一侧,断面过水面积减少 18.6%。另有两个断面表现冲刷,过水面积增加,JB196 断面是典型 U 形断面,断面冲淤变化主要在深槽,滩岸也有少许变化,JB221 断面是干流库区最后一个断面,受上游来水影响,断面冲淤交替变化。

常年回水区过水断面全部淤积,以深槽的平行淤积为主。由图 2-9 可以看出,断面深槽在 2014 年 5—10 月抬升较为明显,JB016、JB034、JB087、JB128、JB178 断面主槽均平行变化。各典型河段的断面淤积形态变化也显示了各河段的淤积强度,坝前段 JB016 断面,主槽抬升高度相对较少,到上游河段的 JB034 断面、JB087 断面、JB128 断面,主槽抬升幅度依次增加。JB165 断面除主槽冲淤变化较大外,滩岸亦有较大调整,该断面附近有料场分布,过水面积较 2013 年 4 月减少 22.4%。

支流库区深泓线纵剖面变化如图 2-10 所示。支流河床高程受水库蓄水水位的顶托,从支流河口到河道上游,均出现不同幅度的深泓线抬高。在 4 条常年回水支流中,牛栏江深泓线调整剧烈,河口段整体平均淤积抬高 9.9m,纵剖面比降由 0.42% 调整至 0.11%;西苏角河深泓线调整幅度相对较小,河口段深泓线整体抬升 4.4m,纵剖面比降基本不变,在 2.1% 左右。变动回水河流西溪河口断面深泓线淤积抬升 6.4m;尼姑河属典型的山区河流,2014 年 5—10 月,河道纵剖面比降从 8.5% 调整到 7.2%,至 2018 年 10 月,河口断面深泓累计抬高 2.6m。

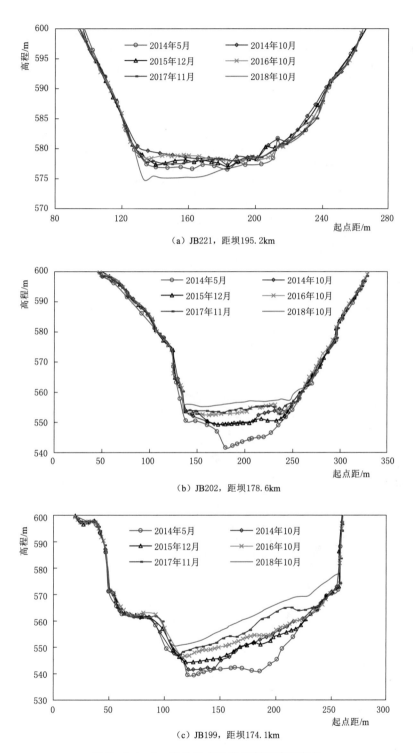

(a) JB221,距坝195.2km

(b) JB202,距坝178.6km

(c) JB199,距坝174.1km

图 2-8（一）　变动回水区典型断面冲淤变化

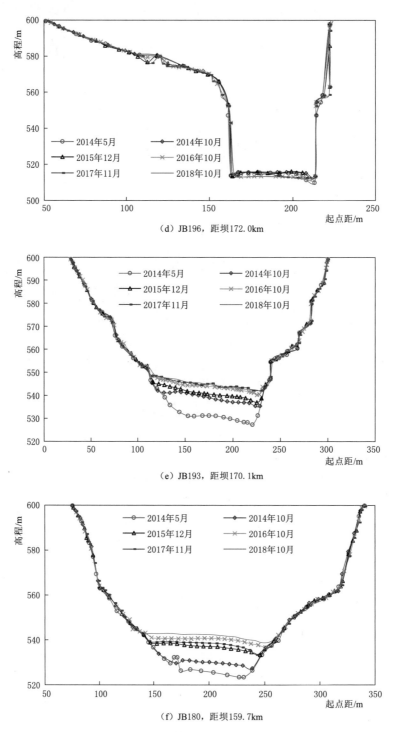

（d）JB196，距坝172.0km

（e）JB193，距坝170.1km

（f）JB180，距坝159.7km

图2-8（二） 变动回水区典型断面冲淤变化

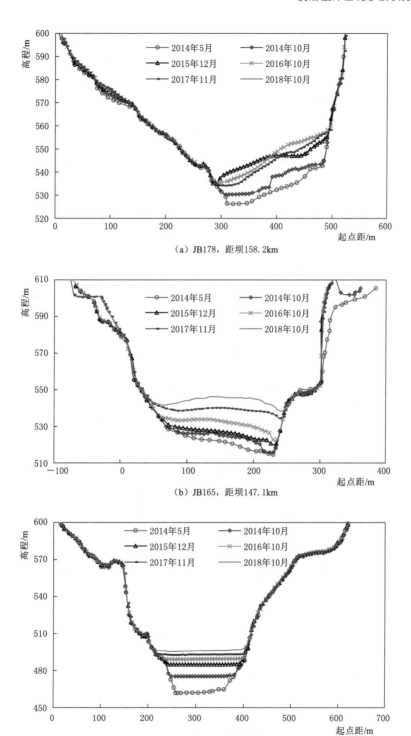

（a）JB178，距坝158.2km

（b）JB165，距坝147.1km

（c）JB128，距坝113.7km

图 2-9（一） 常年回水区典型断面冲淤变化

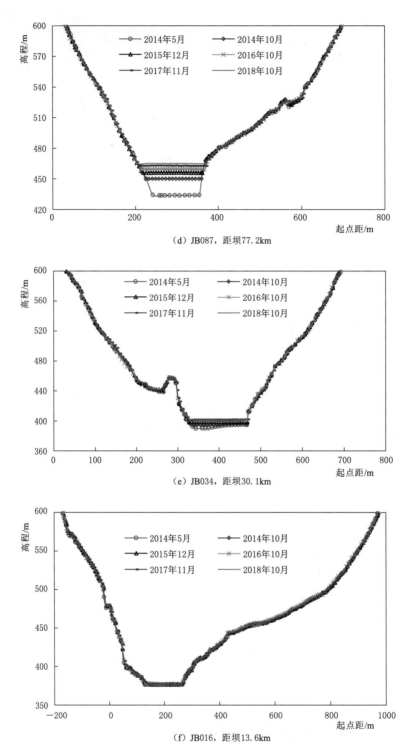

（d）JB087，距坝77.2km

（e）JB034，距坝30.1km

（f）JB016，距坝13.6km

图2-9（二） 常年回水区典型断面冲淤变化

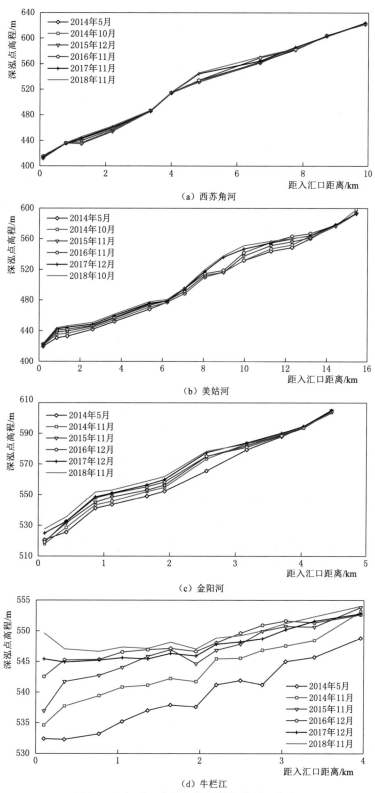

（a）西苏角河

（b）美姑河

（c）金阳河

（d）牛栏江

图 2-10（一） 库区支流深泓线纵剖面变化

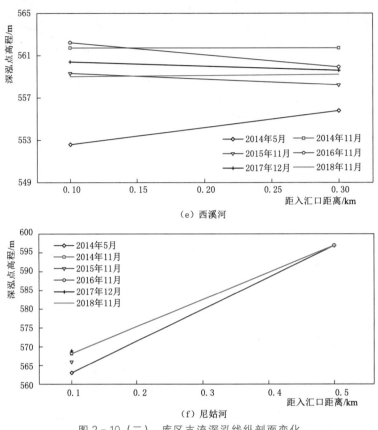

（e）西溪河

（f）尼姑河

图 2-10（二） 库区支流深泓线纵剖面变化

　　各支流的纵剖面淤积形态不同，形成这一差异的原因包括支流的来沙物质组成、河口段库容相对来沙量的大小、河口段地形条件的差别等。西苏角河与美姑河由于距离坝址相对较近，经常处于高水位运用，在河口淹没区形成的河道型水库库容更大，河道淤积形态呈典型的三角洲淤积，纵剖面形态可以看出明显的洲面段和前坡段。金阳河、牛栏江、西溪河距离坝址相对较远，纵剖面形态基本呈锥体淤积，河口段深泓线整体抬高；牛栏江河口比降淤平，甚至局部出现负比降；西溪河河口段深泓线调整基本水平；牛栏江和西溪河存在形成拦门沙的风险。牛栏江与西溪河由于测量的最上游断面也发生了较大淤积，建议往上游增加测验断面；尼姑河只有两个断面，在 2014 年 5—10 月上游断面基本没发生变化，下游发生明显淤积，建议在中间增加断面。

第二节　向家坝库区泥沙淤积分析

一、库区淤积量

　　向家坝工程蓄水运用以来，2013 年 4 月—2020 年 5 月库区干支流在设计死水位 370m、正常蓄水位 380m 下的泥沙淤积情况见表 2-7 和表 2-8。2013 年 4 月—2020 年 5 月库区干支流在设计死水位下共淤积泥沙 4187.0 万 m³，在正常蓄水位下共淤积泥沙 4595.0 万

m³。其中，2013 年 4 月—2020 年 5 月设计死水位下干流库区淤积泥沙 3404 万 m³，支流库区淤积 783 万 m³。正常蓄水位下干流库区淤积泥沙 3622 万 m³，约占总淤积量的 78.8%，年平均淤积 517 万 m³；支流库区淤积泥沙 973 万 m³，约占总淤积量的 21.2%，年均淤积 139 万 m³；其中以中都河淤积量最多，为 371 万 m³，占支流淤积量的 38.1%，年平均淤积 53 万 m³；细沙河淤积最少，为 37 万 m³，仅占支流淤积量的 3.8%，年平均淤积约 5.3 万 m³。

由表 2-7 可知，干流库区淤积集中在 2013 年 4—11 月、2015 年 5 月—2016 年 5 月及 2017 年 5 月—2018 年 5 月三个时期，其他时期干流库区表现微淤或微冲，三个时期淤积量总和大于 2013 年 4 月—2020 年 5 月整个统计时段的淤积量。干流库区在 2013 年、2017 年汛期前后各有一次断面测量，2013 年 4—10 月、2017 年 5—10 月两次汛期干流库区表现淤积，2017 年 10 月—2018 年 5 月干流库区冲刷。

表 2-7　　　　　　　　　　设计死水位的库区干支流河道冲淤量　　　　　　　单位：万 m³

时　　间	干流	大汶溪	中都河	西宁河	细沙河	团结河	库区
2013 年 4—11 月	1366	95.4	65.2	57.6	−6.2	−8.6	1569.4
2013 年 11 月—2015 年 5 月	166	24.4	−24.3	32.8	−1.0	−0.5	197.4
2015 年 5 月—2016 年 5 月	1078	35.8	21.3	28.1	1.8	−1.2	1163.8
2016 年 5 月—2017 年 5 月	−193	22.3	71.1	68.3	−1.0	−0.6	−32.9
2017 年 5 月—2018 年 5 月	1282	−6.1	13.0	37.0	4.8	14.0	1344.7
2018 年 5 月—2020 年 5 月	−296	37.8	113.7	91.8	−2.0	−2.1	−56.8
2013 年 4 月—2020 年 5 月	3404	210	260	316	−4	1	4187.0

受水库蓄水作用的差异，支流间的淤积情况表现各异，与干流淤积进程不一致。大汶溪距离坝址最近，受水库蓄水影响最为明显，蓄水前两年河口段年均淤积泥沙 75 万 m³，年均淤积量最大，随后淤积量逐年减少，2017—2018 年河段调整为冲刷，2018—2020 年又转为淤积；西宁河呈累计淤积状态，年平均淤积约 38.5 万 m³；中都河、团结河淤积情况较为相似，各年淤积量波动较大，中都河年最大淤积量达到总淤积量的 20% 以上，团结河年最大淤积量占总淤积量的 50% 以上；细沙河存在明显的集中淤积过程，2015—2016 年、2017—2018 年两个时段的淤积量和超过整个统计时段淤积量，其余几个时段河段则处于冲淤平衡状态，冲淤量相对很小。

表 2-8　　　　　　　　　　正常蓄水位的库区干支流河道冲淤量　　　　　　　单位：万 m³

时　　间	干流	大汶溪	中都河	西宁河	细沙河	团结河	库区
2013 年 4—11 月	1332	126.8	52.2	47.1	−0.9	12.3	1569.5
2013 年 11 月—2015 年 5 月	301	23.2	−21.2	26.1	2.9	14.6	346.6
2015 年 5 月—2016 年 5 月	1126	38.1	37.1	29.3	19.3	0.3	1250.1
2016 年 5 月—2017 年 5 月	−171	24.8	88.0	35.2	−1.3	11.7	−12.6
2017 年 5 月—2018 年 5 月	1354	−5.5	31.4	40.8	19.5	27.4	1467.6
2018 年 5 月—2020 年 5 月	−320	40.8	183.1	91.2	−2.5	−18.9	−26.3
2013 年 4 月—2020 年 5 月	3622	248	371	270	37	47	4595.0

二、库区淤积量空间分布

基于断面法计算的设计死水位370m、正常蓄水位380m下干流库区沿程累积淤积量变化如图2-11所示，正常蓄水位下干流库区淤积量见表2-9。变动回水区蓄水初期（2013年4月—2015年5月）出现微冲，随后开始淤积，河段淤积量占相应年份干流淤积量的比例增加，2018年5月—2020年5月，变动回水区河段大幅冲刷；桧溪至新市河段蓄水前三年（2013年4月—2016年5月）淤积较多，占相应年份干流淤积量的20%以上，2016年5月—2017年5月出现冲刷，2017年5月—2018年5月淤积量在干流淤积量中占比不足2%，2018年5月—2020年5月该河段是干流库区四个河段中唯一淤积河段；新市至屏山河段除2016—2017年淤积量略小于变动回水区、2018—2020年略冲刷外，其余年份淤积量均为各河段最大；屏山至坝址河段除冲刷年份外，其余年份淤积量相差不大，占比均在30%左右。在统计时段内新市至屏山河段冲刷量较少，是干流库区泥沙淤积分布的主要区域，占干流淤积量的58.3%，变动回水区贡献冲刷量最多，2013年4月—2020年5月冲刷量达307万 m^3。

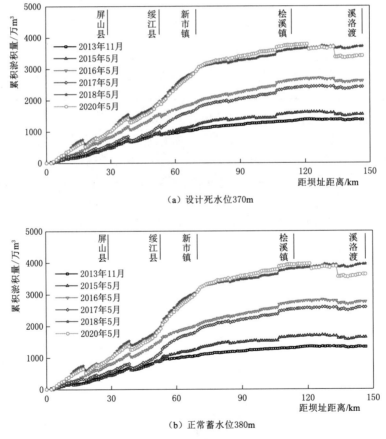

（a）设计死水位370m

（b）正常蓄水位380m

图2-11　向家坝干流库区沿程累积淤积量

表 2-9   正常蓄水位下干流库区淤积量   单位：万 m³

时 间	变动回水区	常年回水区			干流库区
	溪洛渡—桧溪镇	桧溪镇—新市镇	新市镇—屏山县	屏山县—坝址	溪洛渡—坝址
距坝距离/km	146.6~113.8	113.8~69.9	69.9~28.8	28.8~0.0	146.6~0.0
河段长度/km	32.8	43.9	41.1	28.8	146.6
2013 年 4 月—2013 年 11 月	32	237	565	499	1332
2013 年 11 月—2015 年 5 月	−53	149	268	−64	301
2015 年 5 月—2016 年 5 月	27	344	402	354	1126
2016 年 5 月—2017 年 5 月	58	−54	55	−230	−171
2017 年 5 月—2018 年 5 月	75	16	853	409	1354
2018 年 5 月—2020 年 5 月	−446	162	−30	−5	−320
2013 年 4 月—2020 年 5 月	−307	824	2113	963	3623

    干流库区在汛期、非汛期、全年的河段淤积强度如图 2-12 所示。在桧溪以下的常年回水区，干流库区泥沙重点淤积在新市至屏山河段，变动回水区总体微冲。随着水库运行时

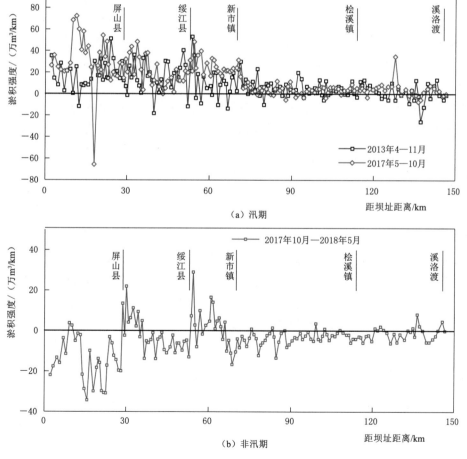

图 2-12（一）　向家坝库区淤积强度沿程分布

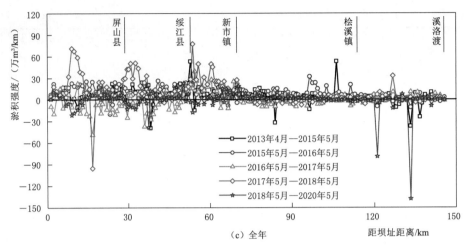

(c) 全年

图 2-12（二）　向家坝库区淤积强度沿程分布

间增加，水库淤积部位向下游发展。2013 年 4 月—2016 年 5 月桧溪以上的变动回水区冲淤强度相对较小，桧溪至新市河段除局部冲刷外，整体淤积；2016 年 5 月—2020 年 5 月新市上游除个别河段淤积强度较大，其余河段冲淤交替出现且强度较小，基本处于平衡状态。从分段淤积强度看，新市下游河段淤积强度总体上要大于上游河段淤积强度，新市至屏山段的淤积强度最大，达到 7.3 万 m^3/(km·a) 桧溪镇至新市河段淤积强度较小，约 2.8 万 m^3/(km·a) 变动回水区表现冲刷，冲刷强度约 1.3 万 m^3/(km·a)。

库区干支流在特征水位下的淤积量见表 2-10。2013 年 4 月—2020 年 5 月年库区死水位下干支流累积淤积泥沙 4187 万 m^3，占正常蓄水位下库区总淤积量的 91.1%，导致死库容淤积损失 1.0%；淤积在水库防洪库容内的泥沙为 408 万 m^3，占正常蓄水位下库区总淤积量的 8.9%，仅占防洪库容的 0.45%，水库防洪库容损失较小；正常蓄水位下淤积库容占水库总库容的 0.92%。

表 2-10　　　　　特征水位条件下向家坝库区干支流河道冲淤量　　　　　单位：万 m^3

特征水位	干流	大汶溪	中都河	西宁河	细沙河	团结河	库区
正常蓄水位	3622	248	371	270	37	47	4595
设计死水位	3404	210	260	316	—4	1	4187

基于 2012 年 11 月—2017 年 10 月向家坝库区干流河道的地形测量结果，计算 2012 年 11 月—2017 年 10 月向家坝库区干流河道冲淤厚度分布见图 2-13。结果表明，向家坝干流库区泥沙淤积程度较轻，泥沙淤积沿深泓线发展，整体呈点状分布，主槽淤积厚度基本在 2m 左右，淤积主要发生在放宽段、弯道段、支流汇口附近等。干流河段新市至坝址段总体淤积强度要大于溪洛渡坝址至新市河段，如新市至坝址河段沿深泓线形成连续的淤积带，坝前段淤积带宽 100~400m，新市至绥江河段局部区域淤积厚度超过 8m，西宁河口、中都河口淤积显著；溪洛渡坝址至新市镇河段淤积带不连续，局部河段冲刷，尤其是变动回水区河段淤积厚度基本在 8m 以下。另外，经实地查勘，向家坝库区抽沙船较多，河道两岸有料场分布，沿江存在工程施工作业，这些会对库区局部的泥沙冲淤状况产生影响，导致局部出现明显的点状冲淤。

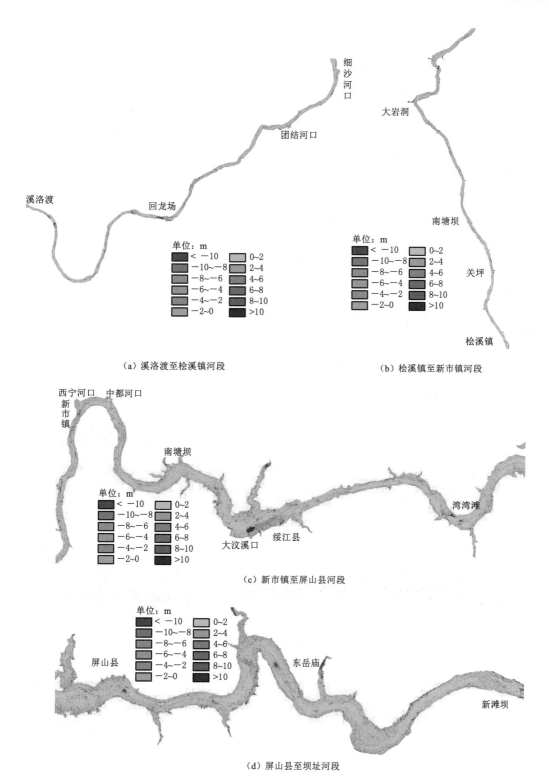

（a）溪洛渡至桧溪镇河段

（b）桧溪镇至新市镇河段

（c）新市镇至屏山县河段

（d）屏山县至坝址河段

图2-13 2012年11月—2017年10月向家坝库区干流河段冲淤厚度分布

三、库区河道形态调整

基于固定断面观测资料,向家坝干流库区深泓纵剖面变化过程如图 2-14 所示,深泓点高程变化过程如图 2-15 所示。纵剖面形态除个别断面有较大冲刷外,深泓线整体变化不大,窄深河段断面深泓无明显累积性抬升,纵剖面与天然河道形态基本一致。2013 年 4 月—2015 年 5 月干流库区沿程深泓点高程调整最为剧烈,断面平均抬升 0.6m,2018 年 5 月—2020 年 5 月个别断面出现显著冲刷。到 2020 年 5 月库区河道深泓总体虽表现为淤积,但淤积幅度相对不大,平均淤积厚度仅 1.2m。其中,新市至屏山河段深泓点高程平均抬升幅度最大,2013 年 4 月—2020 年 5 月断面深泓点高程抬升高度达到 2.6m,屏山至坝址河段、桧溪至屏山河段深泓点高程抬升幅度相当,约 1.0m,桧溪以上的变动回水区深泓点高程冲刷约 0.56m。库区深泓纵剖面比降逐年基本不变,约 0.68‰。桧溪至新市

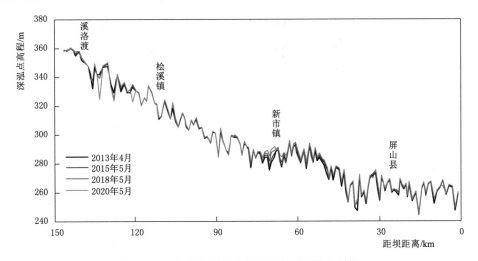

图 2-14 向家坝干流库区深泓纵剖面变化过程

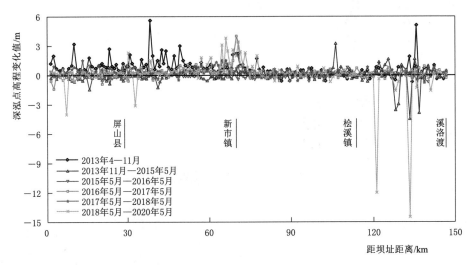

图 2-15 干流库区深泓点高程变化过程

河段比降略调平，由 2013 年 4 月的 1.11‰减小到 2020 年 5 月的 0.91‰；新市至屏山河段比降增加，由 0.34‰增加到 0.57‰；溪洛渡至桧溪河段、屏山至坝址河段比降基本不变，分别约为 0.90‰、0.25‰。

向家坝干流库区 2013 年 5 月—2020 年 5 月的断面过水面积变幅见表 2-11。断面整体过水面积变幅较小，断面变化幅度集中在 3％以内，有 141 个断面淤积，19 个断面冲刷，断面总体以淤积为主。

表 2-11　　　　　　　　　　断面过水面积变幅统计

统计项目	河床淤积			河床冲刷		
变化范围	<-6％	-6％~-3％	-3％~0	0~3％	3％~6％	>6％
断面数量/个	1	9	131	15	1	3
断面数量占比/％	0.6	5.6	81.9	9.4	0.6	1.9

向家坝库区变动回水区典型断面冲淤变化如图 2-16 所示，断面形态以 U 形和 V 形为主，正常蓄水位下河宽基本在 400m 内。断面变化主要发生在主槽，大部分断面呈淤积状态，但淤积程度相对较轻，断面过水面积减幅在 6％；少部分断面冲刷，其中受溪洛渡水

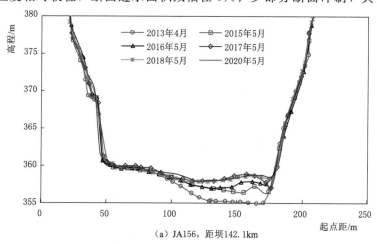

（a）JA156，距坝 142.1km

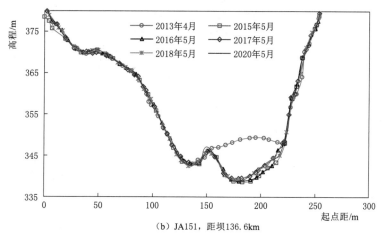

（b）JA151，距坝 136.6km

图 2-16（一）　变动回水区典型断面冲淤变化

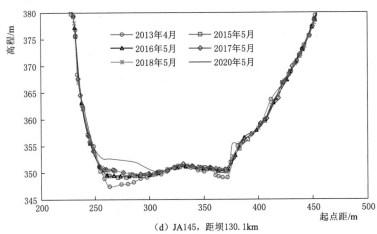

（c）JA147，距坝133.2km

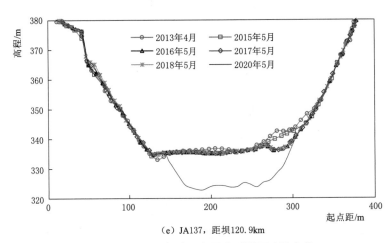

（d）JA145，距坝130.1km

（e）JA137，距坝120.9km

图 2-16（二）　变动回水区典型断面冲淤变化

库下泄清水影响，JA137、JA147、JA151 断面冲刷显著，JA137、JA147 在 2018 年 5 月至 2020 年 5 月断面深泓分别降低 12.0m、14.5m，尤其是 JA147 断面过水面积 2020 年 5 月相对 2013 年 4 月减幅达 40％；JA145、JA156 断面主槽出现淤积，主槽抬升逐渐淤平。

常年回水区典型断面冲淤变化如图 2-17 所示。河道断面淤积形态以主槽平淤（JA043、

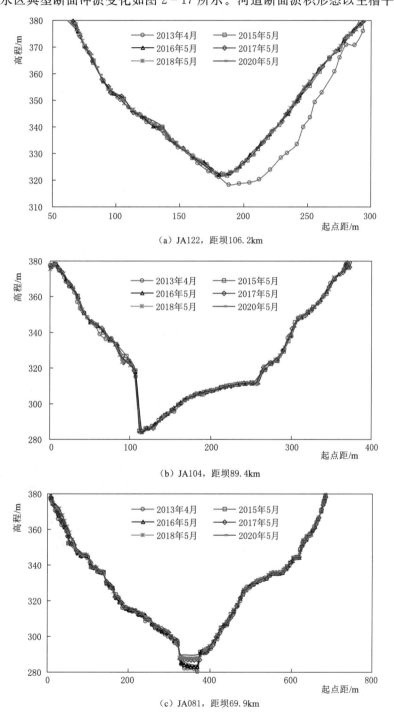

（a）JA122，距坝106.2km

（b）JA104，距坝89.4km

（c）JA081，距坝69.9km

图 2-17（一） 常年回水区典型断面冲淤变化

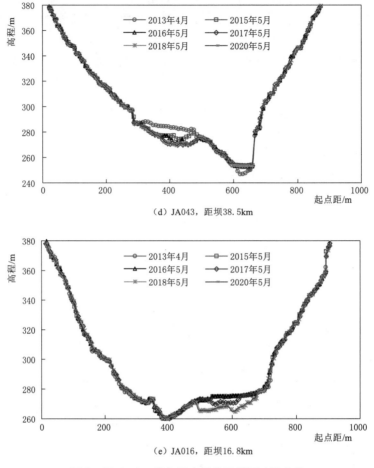

(d) JA043，距坝38.5km

(e) JA016，距坝16.8km

图2-17（二） 常年回水区典型断面冲淤变化

JA081）为主，坝前段个别断面（JA016、JA043）可能因采砂影响边滩高程降低；窄深河段（JA104）水流流速增加，基本无累积性淤积；JA122断面2013年11月至2015年5月右侧滩岸显著调整，深泓高程抬升3.2m，断面过水面积减少11%，系山体滑坡所致，滑坡方量约38万m³。

另外，金沙江下游是典型的山区河流，新构造运动强烈、断裂带发育，流域产沙以泥石流、滑坡等重力侵蚀为主。经实测资料计算和现场查勘，干流河段发生有较大规模滑坡，滑坡方量约90万m³，如图2-18所示。图2-18（a）为饶家坝河段，距坝址85km左右，岸坡土体失稳崩塌，2012年11月至2017年10月边岸局部淤积厚度超过24m，滑坡土方量约52万m³；图2-18（b）为JA122断面河段，右岸现大量泥沙堆积体。

支流河道受水库蓄水作用，回水范围出现不同程度的淤积，深泓线纵剖面变化如图2-19所示。大汶溪、细沙河、团结河泥沙在回水末端落淤，深泓高程显著抬高，河口断面深泓变化不大，纵剖面形态基本呈三角洲淤积，且大汶溪由于测量的最上游断面已经发生了较大淤积，建议往上游增加测验断面；西宁河泥沙淤积推进到河口，深泓整体同步抬升，基本呈锥体淤积，纵剖面比降略调平；中都河纵剖面形态整体调整不大。

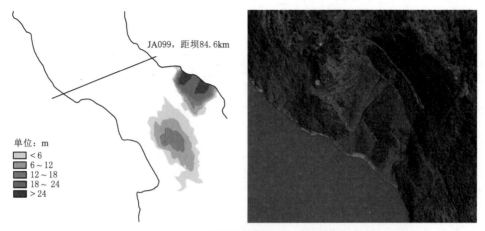

（a）饶家坝河段滑坡

（b）JA122断面河段滑坡

图2-18　向家坝库区干流边岸滑坡情况

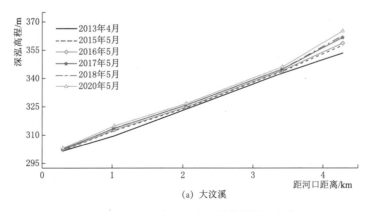

（a）大汶溪

图2-19（一）　库区支流深泓线纵剖面变化

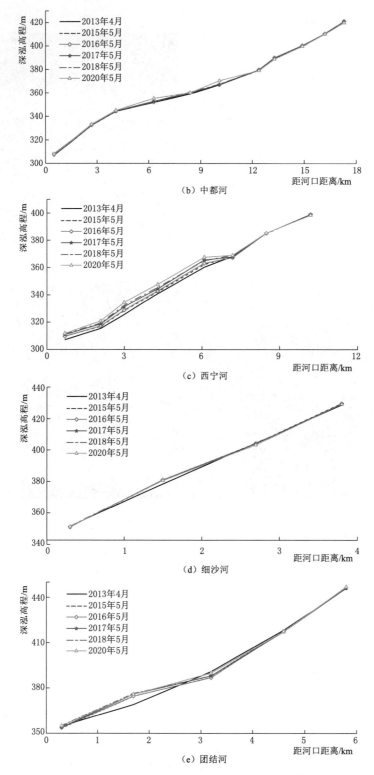

图 2-19（二） 库区支流深泓线纵剖面变化

第三章

现行调度规程下未来两库泥沙淤积进程

采用一维非均匀不平衡输沙数学模型模拟典型水沙边界条件下未来一段时期内金沙江下游溪洛渡、向家坝梯级水库中的水沙输移和泥沙淤积过程,预测库区淤积量、淤积形态和淤积泥沙级配的时空分布特征,以及水库排沙比变化过程、出库含沙量及泥沙级配等,分析不同时期泥沙淤积对水库有效库容的影响,为水库有效库容长期维持提供科学支撑。

第一节 数 学 模 型 简 介

根据非均匀沙不平衡输沙理论,建立了水库冲淤及河床演变的数学模型。该数学模型理论基础强,考虑因素较全面,计算内容丰富,输出信息量大,不仅能对冲淤量、水位等一些常规量进行模拟,而且对悬沙、床沙的级配变化、断面变形、深泓变化等也能进行计算;不仅能应用于水库泥沙淤积进程计算研究,还能用于河道冲淤演变模拟。

该模型在三峡水库的论证过程、工程建设、蓄水运用等各阶段均有应用,同时也已应用于黄河三门峡、小浪底、古贤,澜沧江小湾、大朝山,新疆地区石门、尼雅、肯斯瓦特,巴基斯坦玛尔、Allai Kwar、Dubair Kwar、Khan Kwar、尼泊尔上马相迪 A 等国内外大中小型水电站库区泥沙淤积研究。该模型也被广泛应用于长江、黄河、淮河、塔里木河、黑龙江、松花江等大江大河的河道演变研究。模型经过大量实际工程的检验,同时模型在应用中也得到不断地发展,现已相当成熟。下面对该数学模型的基本原理进行简单介绍。

一、水力因素计算

一维恒定非均匀流的水流运动方程为

$$J = \frac{Q^2 n^2}{B^2 h^{10/3}} + \frac{1}{2g} \frac{\partial U^2}{\partial x} \tag{3-1}$$

采用有限差分方法,可以写成如下的有限差分形式:

$$H_{i,j} = H_{i,j+1} + \frac{n^2 \Delta x}{2} \left(\frac{B_{i,j+1}^{4/3} Q_{i,j+1}^2}{A_{i,j+1}^{10/3}} + \frac{B_{i,j}^{4/3} Q_{i,j}^2}{A_{i,j}^{10/3}} \right) + \frac{1}{2g} \left(\frac{Q_{i,j+1}^2}{A_{i,j+1}^2} - \frac{Q_{i,j}^2}{A_{i,j}^2} \right) \tag{3-2}$$

式中：H 为水位，m；n 为曼宁糙率；Q 为流量，$\mathrm{m^3/s}$；B 为水面宽，m；A 为过水面积，$\mathrm{m^2}$；g 为重力加速度，$\mathrm{m/s^2}$；Δx 为断面间距 m；i 表示时段；j 表示断面编号；计算时，给定出口断面的水位及进口断面的流量，便可计算出各断面的水位。

二、悬移质输沙计算

在天然河流里运动的泥沙都是非均匀沙，由于这样的泥沙在运动过程中不断地与床沙进行交换，无论悬移质还是床沙质，其级配都在不停地变化之中。无时不在的床沙与悬沙交换，不仅影响泥沙冲淤总量，而且影响泥沙冲淤沿程分布。因此在数学模型中考虑非均匀泥沙运动是非常必要的。然而，由于非均匀沙的运动机理非常复杂，目前尚没有一个完全成熟的理论能够描述这样复杂的运动规律。韩其为院士建立的非均匀泥沙运动的计算公式在一定程度上解决了非均匀沙运动模拟的问题，在实际工程中得到广泛运用。本次研究也采用这样的非均匀泥沙运动基本原理来模拟金沙江下游梯级水库的泥沙冲淤变化。

输沙计算是模型的核心部分，在获得足够的水流因子信息的条件下，分别对泥沙浓度、悬沙和床沙级配调整以及河床变形进行计算。

1. 含沙量计算

对于均匀泥沙而言，一维恒定非均匀流含沙量沿程变化的方程为

$$\frac{\mathrm{d}S}{\mathrm{d}x} = -\frac{\alpha\omega}{q}(S - S^*) \tag{3-3}$$

当泥沙为非均匀沙时，其分组泥沙在水流中的运动仍然遵从方程（3-3）所描述的规律。如果假定分组挟沙能力沿程线性变化，对方程（3-3）进行积分并求和可得到不平衡非均匀沙的含沙量计算公式：

$$S_{i,j} = S_{i,j}^* + (S_{i,j-1} - S_{i,j-1}^*)\sum_{l=1}^{L}P_{l,i,j-1}\mu_{l,i,j} + S_{i,j-1}^*\sum_{l=1}^{L}P_{l,i,j-1}\beta_{l,i,j} - S_{i,j}^*\sum_{l=1}^{L}P_{l,i,j}\beta_{l,i,j}$$

$$\tag{3-4}$$

其中

$$\mu_{l,i,j} = \mathrm{e}^{-\alpha\frac{\omega_l(B_{i,j-1}+B_{i,j})\Delta x_j}{Q_{i,j-1}+Q_{i,j}}}$$

$$\beta_{l,i,j} = \frac{Q_{i,j-1}+Q_{i,j}}{\alpha\omega_l(B_{i,j-1}+B_{i,j})\Delta x_j}(1-\mu_{l,i,j})$$

$$S_{i,j}^* = k_0\frac{Q_{i,j}^{2.76}B_{i,j}^{0.92}}{A_{i,j}^{3.68}\omega_{i,j}^{0.92}}$$

$$\omega_{i,j}^{0.92} = \sum_{l=1}^{L}P_{l,i,j}\omega_l^{0.92}$$

式中：S 为悬移质含沙量，$\mathrm{kg/m^3}$；S^* 为水流挟沙力，$\mathrm{kg/m^3}$；P_l 为悬移质级配；w_l 为第 l 组粒径泥沙沉速，$\mathrm{m/s}$；L 为不均匀泥沙分组总数；α 为恢复饱和系数，淤积时取 1.0，冲刷时取 0.25；k_0 为挟沙能力系数，需要实测资料率定确定；其他符号意义同前。

2. 悬移质级配

悬移质级配计算分冲刷和淤积两种情况，当为淤积时

$$P_{l,i,j} = P_{l,i,j-1}(1-\lambda_{i,j})^{\left(\frac{\omega_l}{\omega_{r,i,j}}\right)^{\theta}-1} \tag{3-5}$$

其中

$$\lambda_{i,j} = \frac{S_{i,j-1}Q_{i,j-1} - S_{i,j}Q_{i,j}}{S_{i,j-1}Q_{i,j-1}} \tag{3-6}$$

式中：$\lambda_{i,j}$ 为淤积百分数；θ 为反映悬沙沿河宽分布不均匀系数，对于条状水域取 3/4，对湖泊型取 1/2，对于条状水库，系数 θ 取 3/4；$\omega_{r,i,j}$ 为群体泥沙的代表沉速，可由 $\sum_{l=1}^{L} P_{l,i,j} = 1$ 试算确定；其他符号意义同前。

冲刷时悬移质级配变化公式为

$$P_{l,i,j} = \frac{1}{1-\lambda_{i,j}}\left(P_{l,i,j-1} - \frac{\lambda_{i,j}}{\lambda_{i,j}^*}R_{l,i-1,j}\lambda_{i,j}^{*\frac{\omega_l}{\omega_{r,i,j}}}\right) \tag{3-7}$$

其中

$$\lambda_{i,j}^* = \frac{\Delta h_{i,j}'}{\Delta h_0 + \Delta h_{i,j}'} \tag{3-8}$$

式中：R_l 为床沙级配；λ^* 为冲刷百分数；$\Delta h_{i,j}'$ 为虚冲"厚度"；Δh_0 为扰动"厚度"，t/m²，Δh_0 可取为 1t/m²；$\omega_{r,i,j}$ 仍然由试算求得；其他符号意义同前。

3. 淤积物级配

淤积物级配方程为

$$r_l = \frac{V_l}{\sum V_l} = \frac{(Q_{i,j-1}P_{l,i,j-1}S_{i,j-1} - Q_{i,j}P_{l,i,j}S_{i,j})}{(Q_{i,j-1}S_{i,j-1} - Q_{i,j}S_{i,j})} \tag{3-9}$$

式中：V_l 为第 l 组粒径淤积物重量；其他符号意义同前。

4. 床沙质级配

在有冲淤发生的情况下，在调整表层床沙级配时应考虑新淤积物或新冲走的泥沙级配，其计算公式为

$$R_{l,i,j} = \frac{(Q_{i,j-1}S_{i,j-1}P_{l,i,j-1} - Q_{i,j}S_{i,j}P_{l,i,j})\Delta t_i + 0.5\Delta h_{i,j}'\rho'\Delta x_{j-1}(B_{i,j}+B_{i,j-1})R_{l,i,j}^0}{(Q_{i,j-1}S_{i,j-1} - Q_{i,j}S_{i,j})\Delta t_i + 0.5\Delta h_{i,j}'\rho'\Delta x_{j-1}(B_{i,j}+B_{i,j-1})}$$

$$\tag{3-10}$$

式中：R_l 为床沙表层级配；Δt 为计算冲淤变形的时间步长，s；ρ' 为床沙干容重，kg/m³；R_l^0 为上时段末表层床沙级配；其他符号意义同前。

5. 床沙柱状分层调整

在河床冲淤变形计算开始前，对可冲床沙厚度进行分层处理，并给定各层的床沙级配。当有冲淤发生时，床沙柱状分层将根据冲淤强度进行调整。床沙分层及级配调整按冲刷和淤积两种情况进行考虑。

冲刷时，分两种情况调整柱状分层和顶层级配。当冲刷强度不大，顶层床沙够冲时，柱状层数不变，只需修正顶层级配，其他各层级配不变；当冲刷强度较大，顶层床沙不够冲时，次层床沙参与冲刷，柱层减少，顶层和次层床沙参与级配调整，其他各层级配不变。淤积时，也分两种情况调整分层和级配。当淤积强度不大，新淤积物与前一时段末顶层厚度之和小于标准层厚度时，柱状层数不变，只需调整顶层床沙级配；当淤积强度较大时，新鲜淤积物与原顶层之和大于标准层厚度时，柱状层数增加，新增加的标准层及顶层级配需要调整，其他各层不变。

三、河床变形

泥沙淤积面积方程为

$$\Delta a_{i,j} = \frac{Q_{i,j-1}S_{i,j-1} - Q_{i,j}S_{i,j}}{\rho' \Delta x_j} \Delta t_i \qquad (3-11)$$

式中：$\Delta a_{i,j}$ 为断面冲淤面积；其他符号意义同前。

当 $\Delta a_{i,j}$ 为正时，是淤积；当 $\Delta a_{i,j}$ 为负时，是冲刷。

由于数学模型是一维的，从理论上说模型不能解决冲淤量如何在断面分布的问题。目前，在修正断面变形时只能采用经验方法，在众多的经验方法中，沿湿周分布的方法是一个比较符合实际也容易被接受的一个方法。其具体实施步骤为：①当淤积时，淤积物沿湿周等厚分布，对于初期运用，水库的坝前段淤积则采用平淤的方式对横断面进行修正；②当冲刷时，分两种情况修正：当水面河宽小于稳定河宽时，断面按沿湿周等深冲刷进行修正；当水面宽度大于稳定河宽时，只对稳定河宽以下的主河槽进行等深冲刷修正，稳定河宽以上的河漫滩则按不冲处理。

四、边界条件

数学模型在进行计算时，进口断面给定流量、含沙量过程，以及悬移质级配，出口断面给定水位和流量过程。区间如有支流入汇或取排水，还应给定相应水沙资料。

计算初始时，应基于实测的大断面资料，在计算中根据计算的冲淤量对初始断面进行修正。另外计算开始时将床沙分层，并给出可冲的床沙层数和各层的泥沙级配。

第二节 数 学 模 型 验 证

溪洛渡水库和向家坝水库分别于 2013 年 5 月和 2012 年 10 月开始蓄水运用，采用两个水库蓄水运用后的实测水沙和地形资料对数学模型进行验证。验证过程采用两库联算。

一、计算边界条件

1. 溪洛渡库区地形

溪洛渡库区范围包括白鹤滩坝址至溪洛渡坝址的干支流，其中干流库区共 195.1km，布设固定断面 221 个，平均间距 883m，支流库区包括：西溪河 0.3km，布设固定断面 2

个；尼姑河 0.5km，布设固定断面 2 个；牛栏江 3.96km，布设固定断面 13 个；金阳河 4.46km，布设固定断面 11 个；美姑河 15.43km，布设固定断面 16 个；西苏角河 9.9km，布设固定断面 11 个。溪洛渡库区计算示意图见图 3-1。溪洛渡水库变动回水区范围为对坪镇至白鹤滩坝址（JB181～JB221）。验证初始地形采用 2014 年实测断面。

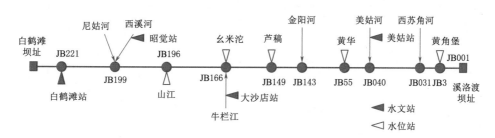

图 3-1 溪洛渡库区计算示意图

2. 向家坝库区地形

向家坝库区范围包括溪洛渡坝址至向家坝坝址的干支流，其中干流库区共 146.6km，布设固定断面 160 个，平均间距 915m，支流库区包括：团结河 5.8km，布设固定断面 5 个；细沙河 3.8km，布设固定断面 4 个；西宁河 10.2km，布设固定断面 8 个；中都河 17.3km，布设固定断面 12 个；大汶溪 4.28km，布设固定断面 5 个。向家坝库区计算示意图见图 3-2。验证初始地形采用 2013 年实测断面。

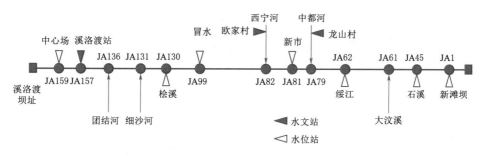

图 3-2 向家坝库区计算示意图

3. 水沙系列

验证计算时段采用溪洛渡和向家坝水库均蓄水运用后的 2014 年 1 月 1 日—2018 年 12 月 31 日。

溪洛渡水库的入库水沙由金沙江干流、库区支流及未控区间三部分组成。金沙江干流入库水沙采用白鹤滩站逐日平均流量和含沙量资料，支流水沙分别采用各支流入库控制站逐日平均流量和含沙量资料，各支流控制站：昭觉站（西溪河）、大沙店站（牛栏江）、美姑站（美姑河）。金阳河、尼姑河、西苏角河等支流未建控制水文站，其入库水沙计入未控区间，未控区间入库水量采用溪洛渡库区出库站与入库站水量之差，区间沙量采用水量控制，用区间水量乘以多年年均含沙量得到。模型出口边界采用溪洛渡水库坝前水位和溪洛渡水库出库控制站溪洛渡水文站的实测流量过程。验证计算时段内径流量和输沙量统计情况见表 3-1，溪洛渡水库坝前水位过程见图 3-3。

表 3-1　　　　　　　　溪洛渡库区验证计算时段内径流量和输沙量统计表

水文站	径流量和输沙量	2014 年	2015 年	2016 年	2017 年	2018 年
白鹤滩	径流量/亿 m³	1197	1101	1298	1315	1471
	输沙量/万 t	6828	8830	9743	9445	8177
昭觉	径流量/亿 m³	4	5	4	3	3
	输沙量/万 t	183	93	58	87	25
大沙店	径流量/亿 m³	33	34	29	39	33
	输沙量/万 t	377	304	146	146	—
美姑	径流量/亿 m³	10	9	13	—	—
	输沙量/万 t	120	103	263		
未控区间	径流量/亿 m³	112	139	63	132	129
	输沙量/万 t	2680	3456	1830	3429	3456

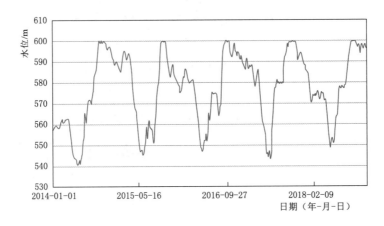

图 3-3　验证计算时段溪洛渡水库坝前水位过程

　　向家坝水库的入库水沙同样由金沙江干流、库区支流及未控区间三部分组成。金沙江干流入库水沙为溪洛渡水库的出库水沙过程，支流水沙分别采用各支流入库控制站逐日平均流量和含沙量资料，各支流控制站：欧家村站（西宁河）、龙山村站（中都河）。其余支流无同步水沙资料，其入库水沙计入未控区间，考虑到向家坝库区区间来水来沙量较小，区间内 5 条支流来水来沙量相加还不到全部来水来沙量的 1%。考虑到溪洛渡站建站时间较短，实测水沙系列代表性不足，取屏山站多年平均沙量的 1% 为区间入库悬移质沙量。屏山站 1954—2011 年多年平均输沙量为 23710 万 t，向家坝库区区间入库悬移质沙量取 237 万 t。模型出口边界采用向家坝水库坝前水位和向家坝水库出库控制站向家坝水文站的实测流量过程。验证计算时段内径流量和输沙量统计情况见表 3-2，向家坝水库坝前水位过程见图 3-4。

表 3-2   向家坝库区验证计算时段内径流量和输沙量统计表

水文站	径流量和输沙量	2014 年	2015 年	2016 年	2017 年	2018 年
溪洛渡站	径流量/亿 m^3	1356	1288	1407	1489	1636
	输沙量/万 t	639	179	125	1675	273
龙山村站	径流量/亿 m^3	3	2	3	3	4
	输沙量/万 t	8	7	34	17	275
欧家村站	径流量/亿 m^3	3	4	8	5	6
	输沙量/万 t	26	16	104	85	73

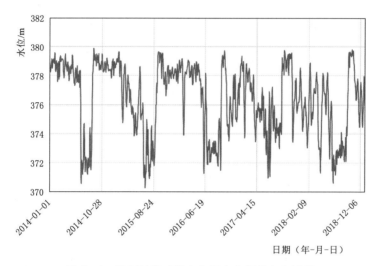

图 3-4 验证计算时段向家坝水库坝前水位过程

4. 干流悬移质级配

溪洛渡水库干流入库悬移质泥沙级配采用白鹤滩站实测资料，白鹤滩站 2015—2017 年悬移质泥沙级配见图 3-5，三年实测泥沙级配均较接近，计算中采用其平均值，中值粒径为 0.017mm。

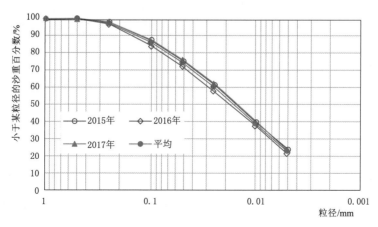

图 3-5 白鹤滩站悬移质泥沙级配

5. 支流及区间悬移质级配

向家坝水库蓄水前西宁河欧家村站主汛期悬移质泥沙中值粒径 0.012～0.030mm，可研阶段美姑河美姑站悬移质颗粒级配测验及整编成果显示，中值粒径 0.037mm，同期根据 1961—1965 年、1969—1986 年系列（共 23 年）确定的屏山站悬移质泥沙中值粒径为 0.043mm。综合分析考虑，溪洛渡、向家坝两库支流及区间入库悬移质泥沙级配采用可研阶段美姑站悬移质泥沙级配。支流及区间入库代表站悬移质泥沙级配见图 3-6。

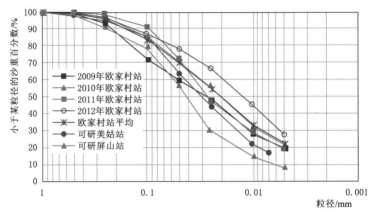

图 3-6　支流及区间入库代表站悬移质泥沙级配

二、水位验证

分别采用溪洛渡库尾白鹤滩站、向家坝库尾溪洛渡站实测水位过程对模型计算水位进行验证，验证成果见图 3-7 和图 3-8。由图可见，水位计算值与实测值符合良好，一般水位差值在 0.5m 以内。

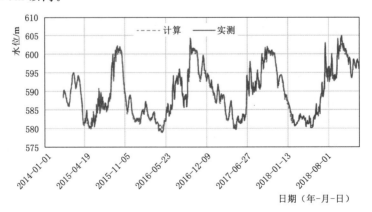

图 3-7　白鹤滩站水位验证

三、含沙量验证

采用出库控制站向家坝站的实测含沙量资料对计算的出库含沙量进行验证，验证结果见图 3-9。由图 3-9 可见，总体来说，计算值与实测值符合良好，除了在非汛期较低含

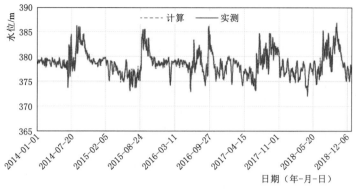

图 3-8 溪洛渡站水位验证

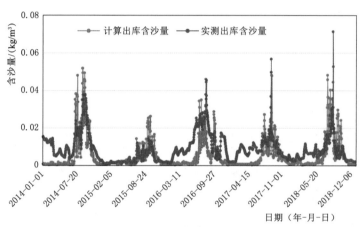

图 3-9 出库含沙量验证

沙量时计算的出库含沙量较向家坝水文站含沙量低，这主要由于出库到向家坝水文站还有一段距离，清水冲刷，含沙量有所增加。

四、淤积量及淤积比验证

1. 溪洛渡库区

采用沙量平衡法计算分析了溪洛渡库区逐年淤积量和淤积比，计算结果见表 3-3。将数学模型计算结果同样列于表 3-3，对比分析可知，两种方法计算的库区淤积量较为接近，相对误差均在 5% 左右。由于一维模型计算的出库含沙量为出库断面的平均值，而溪洛渡水库坝高库深，坝前断面的含沙量垂向分层明显，实际出库为上层较低含沙量水流，因此模型计算的淤积比均比输沙计算值略有偏小，差值均在 5% 以内。两种方法计算结果较为接近。

2. 向家坝库区

采用沙量平衡法计算了向家坝库区逐年淤积量和淤积比，见表 3-4。将数学模型计算结果同样列于表 3-4，对比计算结果可知，两种方法计算的库区淤积量较为接近，相对误差均在 10% 左右，淤积比的误差也均在 10% 以内。

表 3 - 3 溪洛渡库区淤积量及淤积比验证结果

年 份	淤积量/万 t		淤积比/%	
	模型计算值	输沙计算值	模型计算值	输沙计算值
2014	8933	9548	93.4	93.7
2015	11723	12607	95.4	98.6
2016	12480	11915	95.0	99.0
2017	12304	12939	95.0	98.7
2018	10738	11385	92.7	97.7

表 3 - 4 向家坝库区淤积量及淤积比验证结果

年 份	淤积量/万 t		淤积比/%	
	模型计算值	输沙计算值	模型计算值	输沙计算值
2014	675	655	77.2	74.8
2015	325	356	78.4	85.5
2016	243	246	39.7	40.1
2017	289	256	72.0	63.4
2018	298	343	59.2	67.3

综上所述，溪洛渡和向家坝库区验证计算结果表明，模型计算值均与实测值符合良好，所构建的模型能较好地反映溪洛渡和向家坝库区水沙运动特性，能够用于预测溪洛渡和向家坝库区泥沙淤积发展趋势。

第三节 计算水沙系列

利用已建立的梯级水库水沙数学模型对溪洛渡和向家坝水库未来 30 年的泥沙淤积发展趋势进行预测。溪洛渡水库上游的乌东德和白鹤滩水电站已分别于 2020 年和 2021 年投入运用，上游两个大型水库的蓄水运用将会对溪洛渡和向家坝水库的入库水沙条件产生巨大影响。因此，研究溪洛渡和向家坝水库的泥沙淤积进程需同时考虑上游的乌东德和白鹤滩水库，进行四库联合计算。

在以往金沙江下游梯级水库及三峡水库泥沙问题研究中，不同时期针对不同工程曾采用过 4 个水沙代表系列。乌东德和白鹤滩水库可研阶段，以及三峡工程论证期间采用 1961—1970 年系列，该系列巧家站年平均径流量 1319 亿 m^3，输沙量为 1.75 亿 t，分别较多年平均值偏大 3.5% 和偏小 3.3%；溪洛渡和向家坝水库可研阶段及后续研究采用 1964—1973 年系列，屏山站年平均径流量为 1450 亿 m^3，输沙量为 2.47 亿 t，分别较多年平均值偏大 0.7% 和 3.6%；1991—2000 年系列是三峡水库蓄水运用后泥沙问题研究中采用的代表系列，金沙江下游梯级水库泥沙问题研究也有沿用该系列，该系列屏山站年平均径流量 1483 亿 m^3，输沙量为 2.95 亿 t，分别较多年平均值偏大 3.1% 和 23.8%；三峡水库后续研究曾采用 2001—2010 年系列作为参考系列，屏山站年平均径流量 1465 亿 m^3，输沙量为 1.64 亿 t，径流量较多年平均值偏大 1.8%，输沙量较多年平均值偏小 31.2%。

一、水沙变化分析

金沙江下游三个主要控制站攀枝花站、华弹站和屏山站长系列年径流量和输沙量过程见图 3-10～图 3-12。从图中可以看出，各站径流量较稳定，没有趋势性变化，而攀枝花站输沙量在 2010 年以后出现明显减少，华弹站和屏山站均在 2000 年以后输沙量显著减少。输沙量减小的主要原因是金沙江上中游及支流雅砻江上梯级水库的修建，拦蓄了大量泥沙。

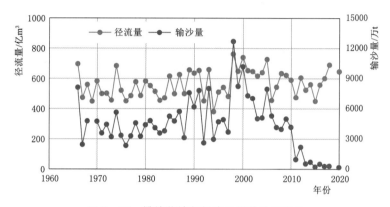

图 3-10　攀枝花站年径流量和输沙量变化

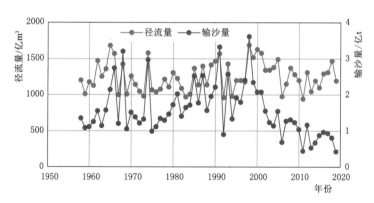

图 3-11　华弹站（2015 年后为白鹤滩站）年径流量和输沙量变化

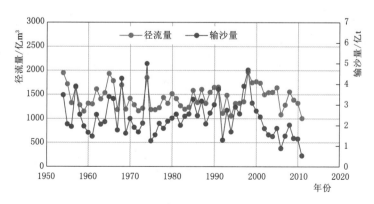

图 3-12　屏山站年径流量和输沙量变化

支流中有长系列观测资料的入库控制站有桐子林站（雅砻江）、小黄瓜园站（龙川江）、宁南站（黑水河）和美姑站（美姑河），各站长系列年径流量和输沙量过程见图3-13~图3-16。从图中可以看出，雅砻江桐子林站径流量较稳定，而输沙量自1998年二滩电站蓄水运用后出现明显减小；龙川江小黄瓜园站1990—2002年水沙量连续较丰，2003年后水沙量均明显减少；黑水河宁南站和美姑河美姑站水沙量均未见趋势性变化。

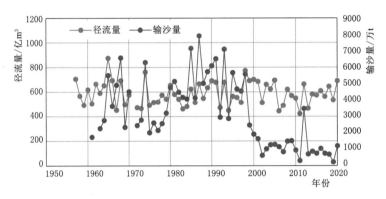

图3-13 桐子林站（1999年前为小得石+湾滩站）年径流量和输沙量变化

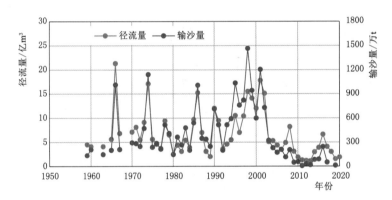

图3-14 小黄瓜园站年径流量和输沙量变化

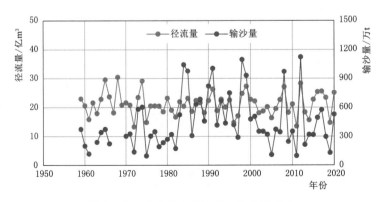

图3-15 宁南站年径流量和输沙量变化

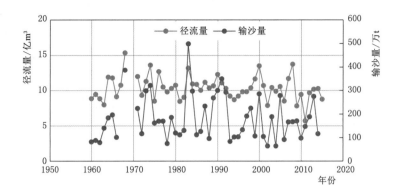

图 3-16 美姑站年径流量和输沙量变化

二、上游水库拦沙影响

乌东德水库已于 2020 年蓄水运用，白鹤滩水库也已开始蓄水，并于 2021 年 7 月正式投入运用，上游两个超大型梯级水库的运用将极大改变溪洛渡和向家坝水库的入库水沙条件，因此研究溪洛渡和向家坝水库淤积进程，需考虑上游两个梯级水库的拦沙效果。本次研究采用乌东德、白鹤滩、溪洛渡和向家坝四个梯级水库联合计算，入口水沙条件由乌东德水库的入库控制站给定，各库分别考虑主要支流及区间入库水沙量。

乌东德水库的入库控制站为三堆子水文站，三堆子水文站建站（2008 年）前入库控制站为干流的攀枝花站＋雅砻江上的桐子林站。计算中干流考虑金沙江中游梯级水库的拦沙影响，金沙江干流中游梯级水电站主要指标汇总表见 3-5；雅砻江入库沙量考虑已建和在建梯级水库的拦沙影响，雅砻江中下游梯级水电站主要指标汇总见表 3-6；其余支流上的水库库容相对较小，其拦沙影响暂不单独考虑。

表 3-5 金沙江干流中游梯级水电站主要指标汇总表

序　号	水电站名称	正常蓄水位/m	正常蓄水位库容/亿 m³	蓄水年份
1	龙盘	2010	369	—
2	两家人	1810	0.043	—
3	梨园	618	7.27	2014
4	阿海	1504	8.06	2011
5	金安桥	1418	8.47	2010
6	龙开口	1298	5.07	2012
7	鲁地拉	1223	15.48	2013
8	观音岩	1134	20.72	2014
9	金沙	1022	0.85	2020
10	银江	998.5	0.31	—

表 3-6　　　　　　　　　雅砻江中下游梯级水电站主要指标汇总表

序　号	水电站名称	正常蓄水位/m	总库容/亿 m³	蓄水年份
1	两河口	2880	120.3	—
2	锦屏一级	1880	77.6	2012
3	锦屏二级	1646	0.193	2012
4	官地	1130	7.597	2012
5	二滩	1200	61.4	1998
6	桐子林	1015	0.912	2016

金沙江中游梯级水电站于 2010 年以后相继建成使用，1966—2010 年攀枝花站多年平均输沙量为 5199 万 t，2011—2020 年平均输沙量为 689 万 t，平均拦沙效率 86.7%。考虑到已建水库均处于运用初期，且库容累计达 65.92 亿 m³，淤积平衡时间较长，计算中不考虑其拦沙效率的变化，攀枝花站入库沙量按照 2011—2020 年平均值 689 万 t 计算。

雅砻江入库沙量在 1998 年二滩水库运用后出现明显减少，1961—1998 年平均输沙量 4388 万 t，1999—2020 年平均输沙量减少到 1223 万 t，由于支流安宁河产沙量较大，且在二滩水电站下游入汇，因此雅砻江上水库总体平均拦沙比为 72.1%。雅砻江上已建成运用的两个超大型水库锦屏一级和二滩均处于运用初期，且总库容达 120.3 亿 m³ 的两河口水库即将建成运用，未来 30 年内梯级水库的拦沙比不会发生较大变化，因此计算中雅砻江的入库沙量按照二滩水库运用后的平均沙量 1223 万 t 考虑。

三、入库水沙系列

考虑干支流水库拦沙及人类活动影响下的流域产沙量变化，近年的实测资料更能反映未来入库沙量变化趋势，因此，入库水沙系列选用近 30 年系列（1991—2020 年），干支流入库沙量分别根据水库拦沙情况进行修正。

（1）金沙江干流入库控制站攀枝花站水沙过程分为两个阶段：2011—2020 年金中梯级水库的拦沙影响已体现，采用实测水沙过程；1991—2010 年输沙量按照 2011—2020 年平均沙量 689 万 t 进行修正。

（2）雅砻江入库水沙同样分两个阶段：1999—2020 年采用实测水沙过程，1991—1998 年输沙量按照 1999—2020 年平均沙量 1223 万 t 进行修正。

（3）华弹—攀枝花＋桐子林区间水沙量采用 1991—2020 年区间平均水沙量，其径流量为 114 亿 m³，输沙量为 8103 万 t。扣除对应时期小黄瓜园站径流量 6 亿 m³，输沙量 409 万 t，未控区间径流量为 108 亿 m³，输沙量为 7694 万 t。

（4）屏山—华弹区间水沙量采用 1991—2010 年区间水沙量，其径流量为 147 亿 m³，输沙量为 5176 万 t。扣除对应时期宁南站径流量 21 亿 m³，输沙量 526 万 t，美姑站径流量 10 亿 m³，输沙量 165 万 t，未控区间径流量为 116 亿 m³，输沙量为 4534 万 t。根据控制流域及水沙量平衡方法计算，溪洛渡库区未控径流量为 115 亿 m³，输沙量为 2426 万 t；向家坝未控区间径流量为 14 亿 m³，输沙量为 237 万 t。

梯级水库上游入口（攀枝花＋桐子林）泥沙级配采用三堆子站实测多年平均级配，中值粒径为 0.015mm，支流及区间入库泥沙级配与模型验证资料相同，仍然采用可研阶段美姑站悬移质泥沙级配，中值粒径 0.037mm。

第四节　溪洛渡和向家坝泥沙淤积进程计算

在现行水库调度运用规程下，开展未来 30 年溪洛渡和向家坝两库淤积进程研究。计算初始地形条件由 2018 年汛后实测断面给定，水沙系列采用修正后的 1991—2020 年 30 年水沙系列。

一、梯级水库调度运用方式

四个梯级水库均依照各自现行调度规程进行水量调节计算。四库调度规程分别如下：

乌东德水电站正常蓄水位为 975m，死水位为 945m，防洪汛限水位按 952m 控制，调度原则为：7 月不高于防洪限制水位运行，8 月初开始蓄水，8 月底水库蓄水至正常蓄水位 975m，9 月至次年 5 月按照维持高水位的方式运行，次年 6 月消落至防洪限制水位或者死水位。

白鹤滩水电站正常蓄水位 825m，汛期限制水位 785m，死水位 765m。调度原则为：水库 6 月从死水位 765m 附近开始蓄水，蓄至防洪限制水位 785m，在 6—8 月水库按汛期分期水位控制方式运行，在 6—7 月维持防洪限制水位 785m，8 月上旬开始按每旬抬高 10m 的方式控制蓄水，在 9 月上旬水库可蓄至正常蓄水位 825m，12 月开始水库开始供水，到次年 5 月底水库水位消落至死水位 765m 附近。

溪洛渡水电站正常蓄水位 600m，汛期限制水位 560m，死水位 540m。调度原则为：汛期按汛期限制水位 560m 运行，汛后视来水情况蓄水，水库水位宜于 9 月底蓄至 600m，12 月下旬至 5 月底水库水位降至死水位 540m。初期运行期，库水位上升和下降速度不宜超过 2m/d，在正常运行期的库水位升降速率可放宽至 3~5m/d。向家坝和溪洛渡梯级应联合满足向家坝下游流量不小于 1200m³/s。

向家坝水电站正常蓄水位 380m，汛期限制水位 370m。调度原则为：汛期 7 月 1 日至 9 月 10 日按照防洪限制水位 370m 运行，9 月 11 日开始蓄水，9 月底蓄水至正常蓄水位 380m，10—12 月一般维持在正常蓄水位运行，1 月开始进入供水期，水库水位逐步消落，6 月底消落至 370m，库水位最大日变幅不宜超过 4m/d。供水期一般在 4 月、5 月来水较丰时回蓄部分库容。

二、乌东德、白鹤滩水库拦沙效率

乌东德和白鹤滩水库运用后会对上游和区间来沙产生明显的拦蓄作用。在以上计算条件下，两库未来 30 年的出入库沙量及拦沙效率见表 3-7。乌东德水库多年平均入库沙量 6007 万 t，出库沙量 1568 万 t，平均排沙比 26.1%。由于乌东德水库的入库泥沙包含了大量金沙江干流和雅砻江经过上游梯级水库拦蓄后的细颗粒泥沙，因此排沙比相对较大，年排沙比为 14.3%~35.6%。白鹤滩水库年均入库沙量 7174 万 t，出库沙量 1133 万 t，平均排沙比15.8%，两库综合平均排沙比9.7%。两库排沙比见图3-17。

表3-7　　　　　　　　　　乌东德和白鹤滩水库拦沙效率统计

计算时间/年	乌 东 德			白 鹤 滩			两库综合排沙比/%
	入库沙量/万 t	出库沙量/万 t	排沙比/%	入库沙量/万 t	出库沙量/万 t	排沙比/%	
1	6975	2048	29.4	7654	1271	16.6	10.1
2	5194	809	15.6	6414	671	10.5	6.2
3	7120	1997	28.1	7603	1287	16.9	10.1
4	5553	796	14.3	6401	598	9.3	5.4
5	6873	1537	22.4	7142	927	13.0	7.4
6	6411	1495	23.3	7100	974	13.7	8.1
7	6282	1414	22.5	7019	905	12.9	7.6
8	8228	2933	35.6	8538	1900	22.3	13.7
9	8115	2336	28.8	7941	1403	17.7	10.2
10	7709	2483	32.2	8089	1612	19.9	12.1
11	7679	2207	28.7	7812	1378	17.6	10.4
12	6163	1459	23.7	7065	977	13.8	8.3
13	5903	1349	22.8	6954	1130	16.2	9.8
14	6071	1674	27.6	7280	1201	16.5	10.3
15	6385	2216	34.7	7821	1697	21.7	14.2
16	5936	1019	17.2	6625	764	11.5	6.6
17	5408	1132	20.9	6737	920	13.7	8.4
18	5625	1755	31.2	7360	1304	17.7	11.6
19	5568	1759	31.6	7364	1251	17.0	11.2
20	4917	1157	23.5	6763	995	14.7	9.5
21	4689	897	19.1	6503	746	11.5	7.2
22	9223	3105	33.7	8710	1682	19.3	11.3
23	4728	969	20.5	6574	815	12.4	7.9
24	5146	1537	29.9	7142	1197	16.8	11.1
25	4487	774	17.2	6379	786	12.3	7.8
26	5277	1287	24.4	6892	1055	15.3	9.7
27	4570	1077	23.6	6683	1039	15.5	10.2
28	4519	1417	31.4	7023	1269	18.1	12.5
29	4566	699	15.3	6304	826	13.1	8.1
30	4904	1711	34.9	7316	1418	19.4	13.5
平均值	6007	1568	26.1	7174	1133	15.8	9.7

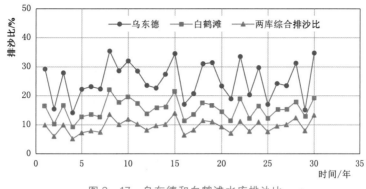

图 3-17　乌东德和白鹤滩水库排沙比

三、溪洛渡水库淤积进程

溪洛渡水库的入库水沙由白鹤滩水库的出库、支流和区间入汇组成。支流仅单独考虑有长系列实测资料的美姑河，其余支流记入区间入汇。

1. 淤积量计算分析

在现行调度规程下，未来30年溪洛渡水库的累积淤积过程见表3-8和图3-18，溪洛渡水库逐年排沙比见图3-19。溪洛渡库区呈持续淤积趋势，30年间共淤积泥沙8.86亿t，年均淤积泥沙0.29亿t，水库排沙比介于10.5%～29.1%。由于上游乌东德和白鹤滩水库的运用，干流进入溪洛渡水库全部为经过拦蓄以后的细颗粒泥沙，沙量占比约为31%，细颗粒泥沙在库区内的沉降比例相对较小，因此溪洛渡水库的排沙比总体比现阶段（乌东德、白鹤滩水库运用前）有所提高，至第30年末，溪洛渡水库的排沙比为26.2%，30年平均排沙比为19.3%。

表 3-8　　　　　　　　　溪洛渡水库累积淤积进程

计算时间/年	入库沙量/万 t	出库沙量/万 t	淤积量/万 t	排沙比/%	累积淤积量/亿 t
1	3689	649	3039	17.6	0.30
2	3199	366	2833	11.4	0.59
3	3747	777	2969	20.7	0.88
4	3178	335	2843	10.5	1.17
5	3667	468	3199	12.8	1.49
6	3488	541	2947	15.5	1.78
7	3308	462	2846	14.0	2.07
8	4361	1270	3091	29.1	2.38
9	3875	734	3141	18.9	2.69
10	4312	976	3336	22.6	3.02
11	3797	834	2963	22.0	3.32
12	3531	590	2941	16.7	3.61
13	3635	755	2880	20.8	3.90
14	3820	769	3050	20.1	4.21
15	4487	1262	3225	28.1	4.53

续表

计算时间/年	入库沙量/万t	出库沙量/万t	淤积量/万t	排沙比/%	累积淤积量/亿t
16	3282	492	2790	15.0	4.81
17	3334	598	2735	17.9	5.08
18	3796	872	2924	23.0	5.38
19	3730	876	2854	23.5	5.66
20	3703	679	3024	18.3	5.96
21	3153	487	2666	15.4	6.23
22	4201	1059	3142	25.2	6.54
23	3290	548	2742	16.7	6.82
24	3795	809	2986	21.3	7.12
25	3548	618	2929	17.4	7.41
26	3625	687	2937	19.0	7.70
27	3527	669	2858	19.0	7.99
28	3800	874	2926	23.0	8.28
29	3313	594	2718	17.9	8.55
30	4128	1080	3048	26.2	8.86
平均	3677	724	2953	19.3	

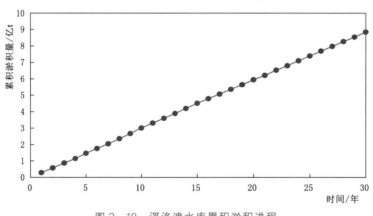

图3-18　溪洛渡水库累积淤积进程

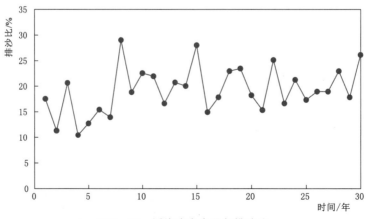

图3-19　溪洛渡水库逐年排沙比

2. 河床纵剖面

在现行调度规程下运用 30 年,溪洛渡库区河床纵剖面和河底淤积厚度变化过程如图 3-20 和图 3-21 所示。从图中可以看出,库尾 50km 左右的区域河底高程变化不大,略有冲淤,变动回水区以下基本呈带状淤积,河底淤积厚度在 20~60m,最大淤积厚度为 62.8m,发生在距坝 75km 左右。

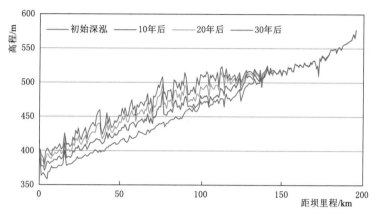

图 3-20 溪洛渡库区河床纵剖面变化过程

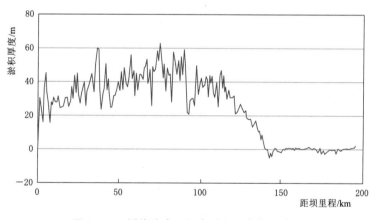

图 3-21 溪洛渡库区河底淤积厚度变化过程

3. 库容变化

溪洛渡水库正常蓄水位以下初始库容 112.8 亿 m³,死水位下库容 68.4 亿 m³,兴利库容 44.4 亿 m³。现行调度规程下,溪洛渡库容在未来 30 年的变化见图 3-22,正常蓄水位下库容 104.1 亿 m³,库容损失 8.7 亿 m³,正常蓄水位下库容损失率 7.71%;死水位下库容 60.5 亿 m³,库容损失 7.9 亿 m³,兴利库容损失 0.8 亿 m³,可见 90% 以上的泥沙淤积在死库容,死库容损失 13.1%。

四、向家坝水库淤积进程

向家坝水库的入库水沙由溪洛渡水库出库和区间两部分组成,向家坝库区支流均无长

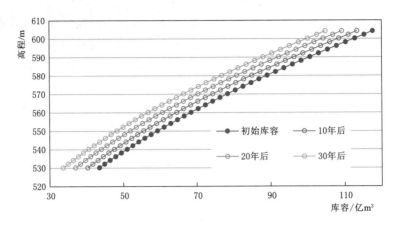

图 3-22 溪洛渡水库库容变化过程

系列观测资料，全部按照区间入库水沙考虑，区间年入库水量 14 亿 m³，沙量 237 万 t。

1. 淤积量计算分析

在现行调度规程下运用 30 年，向家坝水库的累积淤积过程见表 3-9 和图 3-23。向家坝库区呈持续淤积状态，30 年间共淤积泥沙 1.92 亿 t，年均淤积泥沙 0.06 亿 t。逐年排沙比随入库水沙量的变化而变化，在 18.4%～54.8%，30 年平均排沙比为 31.8%，与 2013—2019 年统计平均值 32.8%接近，没有明显变化。

表 3-9 向家坝水库累积淤积过程

计算时间/年	入库沙量/万 t	出库沙量/万 t	淤积量/万 t	排沙比/%	累积淤积量/亿 t
1	886	485	401	54.8	0.04
2	603	145	458	24.0	0.09
3	1014	467	547	46.0	0.14
4	572	105	467	18.4	0.19
5	705	187	518	26.6	0.24
6	778	239	538	30.8	0.29
7	699	206	494	29.4	0.34
8	1507	752	755	49.9	0.42
9	971	360	611	37.1	0.48
10	1213	488	725	40.2	0.55
11	1071	382	688	35.7	0.62
12	827	205	622	24.8	0.68
13	992	315	677	31.7	0.75
14	1006	315	692	31.3	0.82
15	1499	683	817	45.5	0.90

计算时间/年	入库沙量/万 t	出库沙量/万 t	淤积量/万 t	排沙比/%	累积淤积量/亿 t
16	729	157	572	21.5	0.96
17	835	241	594	28.9	1.02
18	1109	356	753	32.1	1.09
19	1113	425	688	38.2	1.16
20	916	254	662	27.7	1.23
21	724	162	562	22.4	1.28
22	1296	564	732	43.5	1.36
23	785	185	600	23.6	1.42
24	1046	340	706	32.5	1.49
25	855	215	640	25.2	1.55
26	924	225	699	24.4	1.62
27	906	227	678	25.1	1.69
28	1111	336	775	30.3	1.77
29	831	160	671	19.2	1.83
30	1317	448	869	34.0	1.92
平均	961	321	640	31.8	

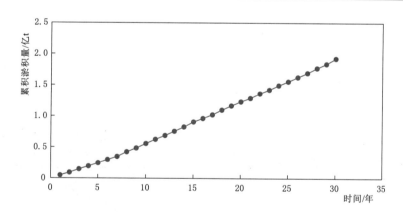

图 3-23　向家坝水库累积淤积过程过程

2. 河床纵剖面

在现行调度规程下运用 30 年,向家坝库区河床纵剖面和河底淤积厚度变化过程见图 3-24 和图 3-25。向家坝水库库尾 50km 以内河底高程变化不大,冲淤幅度基本在 1m 以内,个别断面冲淤变幅达 3m 左右;库尾 50km 以下呈不规则的带状淤积,距坝 50～100km 区域淤积幅度较大,最大淤积厚度为 38m,发生在距坝 70km 左右;距坝 50km 左右区域内淤积厚度在 10m 左右。

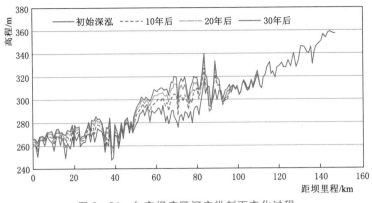

图 3-24 向家坝库区河床纵剖面变化过程

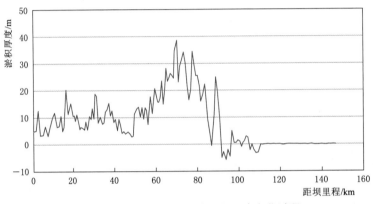

图 3-25 向家坝库区河底淤积厚度变化过程

3. 库容变化

向家坝水库正常蓄水位以下初始库容 48.5 亿 m³，死水位以下库容 40.1 亿 m³，现行调度规程下运用 30 年后库容变化过程见图 3-26，运用 30 年后库容损失 1.6 亿 m³，全部淤积在死库容以下，未对兴利库容产生影响。未来 30 年向家坝水库死库容损失率为 3.92%。

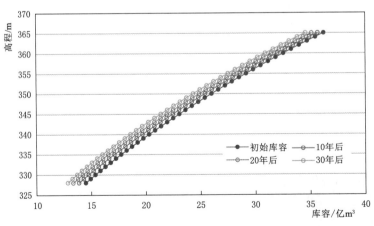

图 3-26 向家坝水库库容变化过程

五、溪洛渡、向家坝水库淤积平衡年限估算

以上述 30 年水沙系列为基础进行循环计算。其中，雅砻江梯级库沙比较大，已建成的锦屏一级和二滩两个超大型水库均处于运用初期，更大型的两河口水库也即将建成，拦沙周期较长，计算中暂不考虑雅砻江入库沙量的变化；金沙江中游梯级水库建设前攀枝花站多年平均输沙量为 5199 万 t，中游梯级水库的总库容为 65.92 亿 m³，考虑金沙江中游梯级水库 100 年左右达到淤积平衡。

由此计算得到溪洛渡、向家坝水库不同运用年限下的库区纵剖面变化过程见图 3-27 和图 3-28，平均排沙比变化过程见图 3-29 和图 3-30。溪洛渡水库运用 210 年左右排沙比达到 90％以上，基本达到冲淤平衡，与可研报告中考虑上游白鹤滩水库运用，"估计溪洛渡水库泥沙淤积洲头达到坝前年限将达 200 年左右"的成果较为接近；向家坝水库运用 230 年左右达到冲淤平衡，与可研报告中计算 100 年，"从水库拦沙率、出库含沙量及中值粒径分析，水库泥沙冲淤尚未平衡，从纵剖面图看，洲头已达坝前，水库泥沙冲淤接近平衡已为时不远"的成果差异较大，产生差异的主要原因是所采用的水沙系列和上游水库的拦沙效率不同，造成的入库沙量差异较大。

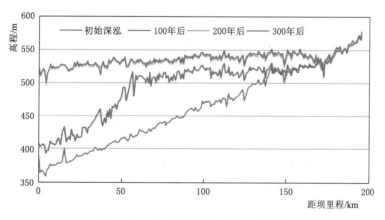

图 3-27 溪洛渡库区纵剖面变化过程

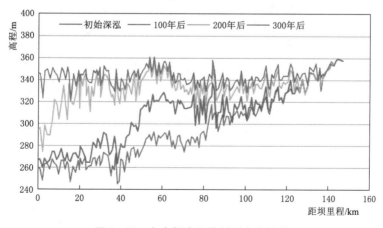

图 3-28 向家坝库区纵剖面变化过程

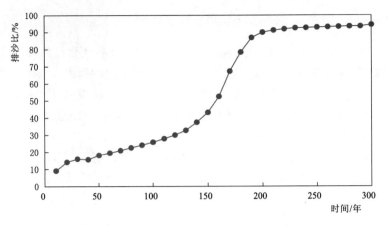

图 3-29 溪洛渡水库平均排沙比变化过程

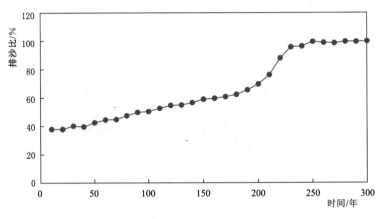

图 3-30 向家坝水库平均排沙比变化过程

第四章

基于水沙联合调控的梯级
水库优化调度

溪洛渡和向家坝水库尚处在运行初期，由于库区水深较大，水流挟沙能力对水库运用水位的变化并不敏感，汛期运用水位存在优化可能，并且上游乌东德和白鹤滩水库的蓄水运用，大幅度减少了进入下游两个梯级的泥沙量，汛期运用水位的适当上浮对库区泥沙淤积的影响很小，却能显著增加发电效益。同时，上游乌东德和白鹤滩水库的运用，较大程度释放了溪洛渡水库的防洪压力，给汛期运用水位的上浮创造了有利条件。因此，计算研究溪洛渡和向家坝水库的汛期运用水位对库区淤积量和有效库容的影响，以及由此产生的发电效益，为两库汛期采用合理的动态运用水位以增加发电效益提供技术支撑。

第一节　溪洛渡、向家坝两库汛期动态水位优化研究

一、方案设计

溪洛渡水库的汛期限制运用水位560m，死水位540m；向家坝水库汛期限制运用水位和死水位同为370m。以现状运用水位为基本方案，分别设计溪洛渡和向家坝水库汛期运用水位上浮的对比方案。

溪洛渡水库上游的两个梯级乌东德和白鹤滩水库分别于2020年和2021年蓄水运用，乌东德水库总库容74.08亿 m³，调节库容30.20亿 m³，防洪库容24.40亿 m³；白鹤滩水库总库容206.27亿 m³，调节库容104.36亿 m³，防洪库容75.00亿 m³。随着上游乌东德和白鹤滩两个巨型水库的建成运用，溪洛渡水库的防洪压力减小，部分防洪库容得到释放，为汛期运用水位的上浮创造了有利条件。为此，确定溪洛渡水库的汛期运用水位上浮对比方案分别为565m、570m、575m和580m。

向家坝水库的汛期运用水位与正常蓄水位之间仅10m的差距，可浮动余地较小，设计向家坝水库汛期运用水位分别上浮2m和4m，即372m和374m的方案进行对比研究。具体方案如下：

方案一，基本方案，溪洛渡水库汛期运用水位按照560m和540m控制，向家坝水库汛期运用水位按照370m控制。

方案二，溪洛渡水库运用水位上浮方案，溪洛渡水库汛期运用水位上浮5m，按照565m和545m控制，向家坝水库汛期运用水位按照370m控制。

方案三，溪洛渡水库运用水位上浮方案，溪洛渡水库汛期运用水位上浮10m，按照570m和550m控制，向家坝水库汛期运用水位按照370m控制。

方案四，溪洛渡水库运用水位上浮方案，溪洛渡水库汛期运用水位上浮15m，按照575m和555m控制，向家坝水库汛期运用水位按照370m控制。

方案五，溪洛渡水库运用水位上浮方案，溪洛渡水库汛期运用水位上浮20m，按照580m和560m控制，向家坝水库汛期运用水位按照370m控制。

方案六，向家坝水库运用水位上浮方案，溪洛渡水库汛期运用水位按照560m和540m控制，向家坝水库汛期运用水位上浮2m，按照372m控制。

方案七，向家坝水库运用水位上浮方案，溪洛渡水库汛期运用水位按照560m和540m控制，向家坝水库汛期运用水位上浮4m，按照374m控制。

方案八，溪洛度、向家坝两库运用水位同时上浮方案，溪洛渡水库汛期运用水位上浮20m，按照580m和560m控制，向家坝水库汛期运用水位上浮4m，按照374m控制。

二、计算方案成果分析

方案一计算成果在第三章第四节已有详细描述，在此不再赘述。下面就方案二～方案八计算成果分别进行分析。

(一) 方案二计算成果分析

方案二为溪洛渡水库汛期运用水位上浮方案，在方案一现行调度规程的基础上溪洛渡水库汛期运用水位上浮5m，按照565m和545m控制，向家坝水库汛期运用水位保持不变，仍然按照370m控制。

1. 溪洛渡库区

在方案二的调度运行方式条件下，溪洛渡库区淤积进程和累积淤积过程见表4-1和图4-1，溪洛渡水库30年累积淤积量9.08亿t，年平均淤积泥沙0.30亿t。溪洛渡水库逐年排沙比见图4-2，30年平均排沙比17.5%，年均排沙比为9.0%～26.3%。与方案一相比，由于汛期运用水位的上浮，库区累积淤积量增加0.22亿t，水库平均排沙比减小1.8%。

表4-1　　　　　　　　　　方案二溪洛渡水库淤积进程

计算时间/年	入库沙量/万t	出库沙量/万t	淤积量/万t	排沙比/%	累积淤积量/亿t
1	3689	641	3048	17.4	0.30
2	3199	328	2871	10.3	0.59
3	3747	710	3037	18.9	0.90
4	3178	285	2892	9.0	1.18
5	3667	437	3230	11.9	1.51
6	3488	511	2977	14.6	1.81
7	3308	419	2889	12.7	2.09

续表

计算时间/年	入库沙量/万 t	出库沙量/万 t	淤积量/万 t	排沙比/%	累积淤积量/亿 t
8	4361	1147	3214	26.3	2.42
9	3875	672	3203	17.3	2.74
10	4312	784	3528	20.6	3.09
11	3797	753	3044	19.8	3.39
12	3531	544	2986	15.4	3.69
13	3635	684	2950	18.8	3.99
14	3820	704	3116	18.4	4.30
15	4487	1160	3327	25.9	4.63
16	3282	450	2832	13.7	4.91
17	3334	540	2794	16.2	5.19
18	3796	766	3030	20.2	5.50
19	3730	773	2957	20.7	5.79
20	3703	629	3074	17.0	6.10
21	3153	437	2716	13.8	6.37
22	4201	1009	3192	24.0	6.69
23	3290	496	2794	15.1	6.97
24	3795	714	3081	18.8	7.28
25	3548	563	2985	15.9	7.58
26	3625	612	3013	16.9	7.88
27	3527	588	2939	16.7	8.17
28	3800	757	3043	19.9	8.48
29	3313	508	2805	15.3	8.76
30	4128	942	3186	22.8	9.08
平均	3677	653	3024	17.5	

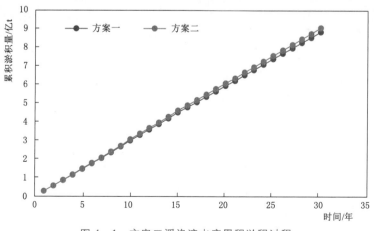

图 4-1　方案二溪洛渡水库累积淤积过程

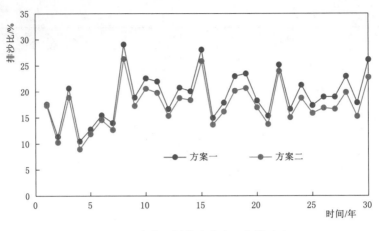

图 4-2　方案二溪洛渡水库逐年排沙比

2. 向家坝库区

方案二向家坝水库运用方式与方案一相同，仅因上游溪洛渡水库汛期运用水位上浮导致入库沙量减少，向家坝水库淤积进程及累积淤积过程见表 4-2 和图 4-3，30 年累积入库沙量减少 0.22 亿 t，相应的库区累积淤积量减少 0.18 亿 t。排沙比与方案一基本相同，逐年排沙比见图 4-4。

表 4-2　　　　　　　　　　　　　方案二向家坝水库淤积进程

计算时间/年	入库沙量/万 t	出库沙量/万 t	淤积量/万 t	排沙比/%	累积淤积量/亿 t
1	878	500	378	55.7	0.04
2	565	140	425	24.7	0.08
3	947	447	500	47.2	0.13
4	522	96	426	18.4	0.17
5	674	179	495	26.6	0.22
6	748	239	508	32	0.27
7	656	199	457	30.3	0.32
8	1384	729	655	52.6	0.38
9	909	340	568	37.5	0.44
10	1021	429	592	42	0.50
11	990	355	636	35.8	0.56
12	781	195	586	25	0.62
13	921	292	629	31.7	0.69
14	941	301	640	32	0.75
15	1397	674	724	48.2	0.82
16	687	150	538	21.8	0.88
17	777	227	550	29.2	0.93
18	1003	333	670	33.2	1.00
19	1010	388	622	38.4	1.06

计算时间/年	入库沙量/万t	出库沙量/万t	淤积量/万t	排沙比/%	累积淤积量/亿t
20	866	243	623	28	1.12
21	674	155	518	23	1.17
22	1246	545	701	43.8	1.24
23	733	179	553	24.5	1.30
24	951	337	614	35.4	1.36
25	800	211	589	26.3	1.42
26	849	215	634	25.3	1.48
27	825	214	611	25.9	1.54
28	994	321	672	32.3	1.61
29	745	152	592	20.4	1.67
30	1179	430	749	36.5	1.75
平均	889	307	582	32.8	

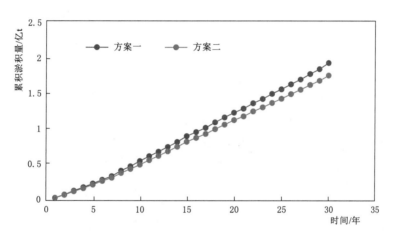

图 4-3　方案二向家坝水库累积淤积过程

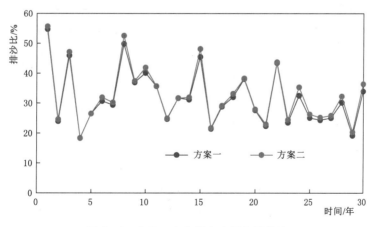

图 4-4　方案二向家坝水库逐年排沙比

（二）方案三计算成果分析

方案三同样为溪洛渡水库汛期运用水位上浮方案，在方案一现行调度规程的基础上溪洛渡水库汛期运用水位上浮 10m，按照 570m 和 550m 控制，向家坝水库汛期运用水位保持不变，仍然按照 370m 控制。

1. 溪洛渡库区

在方案三条件下运行 30 年，溪洛渡水库淤积进程及累积淤积过程见表 4-3 和图 4-5。溪洛渡水库累积淤积量 9.12 亿 t，比方案一淤积量增加 0.26 亿 t，比方案二增加 0.04 亿 t。溪洛渡水库逐年排沙比见图 4-6，年均排沙比为 8.6%~26.6%，30 年平均排沙比 16.9%，比方案一多年平均排沙比减小 2.4%，比方案二多年平均排沙比减小 0.5%。

表 4-3　　　　　　　　　方案三溪洛渡水库淤积进程

计算时间/年	入库沙量/万 t	出库沙量/万 t	淤积量/万 t	排沙比/%	累积淤积量/亿 t
1	3689	620	3068	16.8	0.31
2	3199	315	2885	9.8	0.60
3	3747	714	3033	19.1	0.90
4	3178	275	2903	8.6	1.19
5	3667	408	3259	11.1	1.51
6	3488	484	3004	13.9	1.82
7	3308	404	2904	12.2	2.11
8	4361	1160	3200	26.6	2.43
9	3875	662	3213	17.1	2.75
10	4312	888	3424	20.1	3.09
11	3797	765	3032	20.1	3.39
12	3531	516	3014	14.6	3.69
13	3635	675	2960	18.6	3.99
14	3820	680	3140	17.8	4.30
15	4487	1130	3357	25.2	4.64
16	3282	417	2866	12.7	4.93
17	3334	534	2799	16.0	5.21
18	3796	730	3066	19.2	5.51
19	3730	767	2963	20.6	5.81
20	3703	597	3106	16.1	6.12
21	3153	399	2753	12.7	6.40
22	4201	1043	3157	24.8	6.71
23	3290	451	2839	13.7	6.99

续表

计算时间/年	入库沙量/万 t	出库沙量/万 t	淤积量/万 t	排沙比/%	累积淤积量/亿 t
24	3795	745	3050	19.6	7.30
25	3548	508	3039	14.3	7.60
26	3625	576	3049	15.9	7.91
27	3527	548	2978	15.5	8.21
28	3800	750	3049	19.7	8.51
29	3313	472	2841	14.2	8.80
30	4128	897	3231	21.7	9.12
平均	3677	638	3039	16.9	

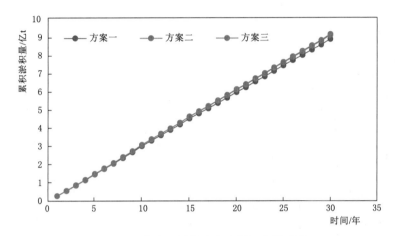

图 4-5 方案三溪洛渡水库累积淤积过程

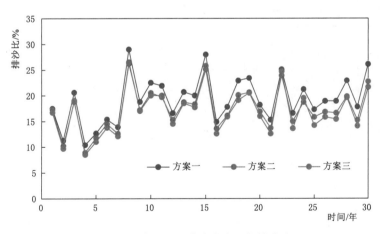

图 4-6 方案三溪洛渡水库逐年排沙比

2. 向家坝库区

方案三向家坝水库运用方式与前两个方案相同,在方案三条件下向家坝水库运行 30

年，水库淤积进程及累计淤积过程见表4-4和图4-7。上游溪洛渡水库汛期运用水位上浮幅度增加导致入库沙量进一步减少，30年累积入库沙量比方案一减少0.26亿t，相应的库区累积淤积量减少0.21亿t；入库沙量比方案二减少0.04亿t，相应的库区累积淤积量减少0.04亿t。向家坝逐年排沙比见图4-8，排沙比与前两个方案基本相同。

表4-4　　　　　　　　　　　方案三向家坝水库淤积进程

计算时间/年	入库沙量/万t	出库沙量/万t	淤积量/万t	排沙比/%	累积淤积量/亿t
1	857	486	372	56.7	0.04
2	552	135	416	24.5	0.08
3	951	454	498	47.7	0.13
4	512	94	418	18.4	0.17
5	645	171	474	26.5	0.22
6	721	233	487	32.4	0.27
7	641	189	452	29.5	0.31
8	1397	738	660	52.8	0.38
9	899	346	553	38.4	0.43
10	1125	461	664	41.0	0.50
11	1002	366	635	36.6	0.56
12	753	190	563	25.2	0.62
13	912	291	621	31.9	0.68
14	917	292	624	31.9	0.74
15	1367	650	717	47.6	0.82
16	654	139	515	21.2	0.87
17	771	224	547	29.1	0.92
18	967	320	648	33.1	0.99
19	1004	397	607	39.6	1.05
20	834	238	596	28.5	1.11
21	636	145	491	22.8	1.16
22	1280	578	702	45.2	1.23
23	688	167	521	24.3	1.28
24	982	361	621	36.7	1.34
25	745	192	554	25.7	1.40
26	813	206	607	25.3	1.46
27	785	201	585	25.5	1.51
28	987	319	668	32.3	1.58
29	709	145	564	20.4	1.64
30	1134	417	717	36.8	1.71
平均	875	305	570	32.9	

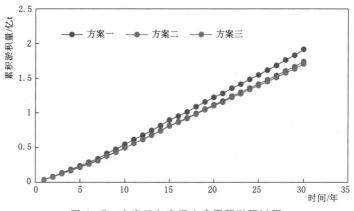

图 4-7 方案三向家坝水库累积淤积过程

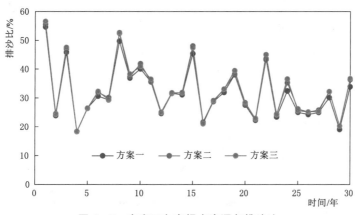

图 4-8 方案三向家坝水库逐年排沙比

（三）方案四计算成果分析

方案四溪洛渡水库汛期运用水位上浮幅度进一步增加，在方案一现行调度规程的基础上汛期运用水位上浮 15m，按照 575m 和 555m 控制，向家坝水库汛期运用水位保持不变，仍然按照 370m 控制。

1. 溪洛渡库区

在方案四条件下运行 30 年，溪洛渡水库淤积进程及累积淤积过程见表 4-5 和图 4-9。溪洛渡水库累积淤积量 9.26 亿 t，比前三个方案淤积量分别增加 0.40 亿 t、0.18 亿 t、0.14 亿 t。逐年排沙比见图 4-10，由图可见，排沙比与方案一相比有所降低，年均排沙比由 10.5%～29.1%降低至 7.8%～24.8%，30 年平均排沙比由 19.3%降低至 15.7%，减小 3.6%。

表 4-5   方案四溪洛渡水库淤积进程

计算时间/年	入库沙量/万 t	出库沙量/万 t	淤积量/万 t	排沙比/%	累积淤积量/亿 t
1	3689	545	3143	14.8	0.31
2	3199	289	2910	9.0	0.61
3	3747	728	3019	19.4	0.91
4	3178	248	2930	7.8	1.20

续表

计算时间/年	入库沙量/万 t	出库沙量/万 t	淤积量/万 t	排沙比/%	累积淤积量/亿 t
5	3667	373	3294	10.2	1.53
6	3488	412	3075	11.8	1.84
7	3308	355	2953	10.7	2.13
8	4361	1080	3281	24.8	2.46
9	3875	608	3267	15.7	2.79
10	4312	834	3478	19.4	3.14
11	3797	721	3076	19.0	3.44
12	3531	475	3056	13.4	3.75
13	3635	619	3015	17.0	4.05
14	3820	648	3171	17.0	4.37
15	4487	1108	3379	24.7	4.70
16	3282	393	2889	12.0	4.99
17	3334	476	2857	14.3	5.28
18	3796	705	3091	18.6	5.59
19	3730	710	3020	19.0	5.89
20	3703	537	3166	14.5	6.21
21	3153	380	2772	12.1	6.48
22	4201	871	3330	20.7	6.82
23	3290	435	2855	13.2	7.10
24	3795	638	3157	16.8	7.42
25	3548	503	3045	14.2	7.72
26	3625	546	3079	15.1	8.03
27	3527	524	3003	14.9	8.33
28	3800	683	3116	18.0	8.64
29	3313	457	2856	13.8	8.93
30	4128	826	3302	20.0	9.26
平均	3677	591	3086	15.7	

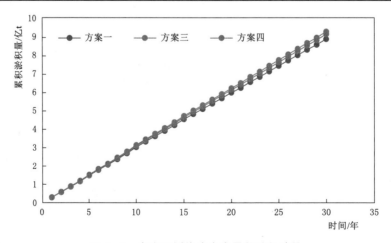

图 4-9 方案四溪洛渡水库累积淤积过程

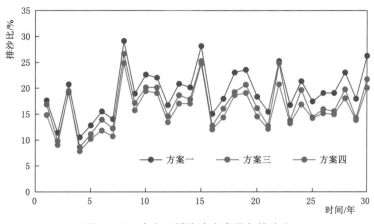

图4-10　方案四溪洛渡水库逐年排沙比

2. 向家坝库区

溪洛渡水库汛期运用水位进一步上浮导致向家坝水库入库沙量进一步减少，在方案四条件下向家坝水库淤积进程及累积淤积过程见表4-6和图4-11。运用30年后向家坝库区累积淤积量为1.63亿t，比前三个方案分别减少0.29亿t、0.12亿t、0.08亿t。逐年排沙比见图4-12，从三个方案的比较可以看到，各数据点几乎重合，向家坝水库运用方式不变，水库排沙比变化很小。

表4-6　　　　　　　　　　方案四向家坝水库淤积进程

计算时间/年	入库沙量/万t	出库沙量/万t	淤积量/万t	排沙比/%	累积淤积量/亿t
1	782	446	336	57.1	0.03
2	526	131	395	24.9	0.07
3	965	479	485	49.7	0.12
4	485	87	398	18.0	0.16
5	610	161	449	26.4	0.21
6	649	196	453	30.2	0.25
7	592	159	433	26.9	0.29
8	1317	700	616	53.2	0.36
9	845	331	514	39.2	0.41
10	1071	430	642	40.1	0.47
11	958	345	613	36.0	0.53
12	712	173	539	24.3	0.59
13	856	276	581	32.2	0.65
14	885	280	605	31.6	0.71
15	1345	635	710	47.2	0.78
16	630	132	498	21.0	0.83
17	713	201	512	28.2	0.88
18	942	311	631	33.0	0.94

续表

计算时间/年	入库沙量/万 t	出库沙量/万 t	淤积量/万 t	排沙比/%	累积淤积量/亿 t
19	947	365	582	38.6	1.00
20	774	217	557	28.0	1.06
21	617	142	475	23.1	1.10
22	1108	478	630	43.2	1.17
23	672	162	509	24.2	1.22
24	875	302	573	34.5	1.27
25	740	191	548	25.9	1.33
26	783	194	589	24.7	1.39
27	761	193	568	25.3	1.44
28	920	290	631	31.5	1.51
29	694	141	553	20.3	1.56
30	1063	386	677	36.3	1.63
平均	828	284	543	32.5	

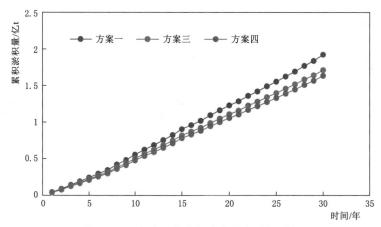

图 4-11 方案四向家坝水库累积淤积过程

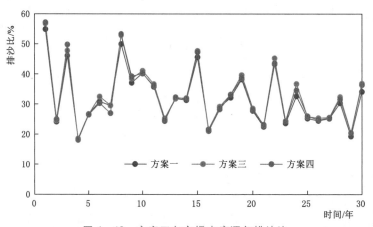

图 4-12 方案四向家坝水库逐年排沙比

（四）方案五计算成果分析

方案五在方案四的基础上溪洛渡水库汛期运用水位进一步上浮 5m，按照 580m 和 560m 控制，向家坝水库汛期运用水位保持不变，仍然按照 370m 控制。

1. 溪洛渡库区

在方案五的调度运行方式条件下，溪洛渡水库淤积进程及累积淤积过程见表 4-7 和图 4-13。溪洛渡水库运用 30 年累积淤积量 9.37 亿 t，比前四个方案淤积量分别增加 0.51 亿 t、0.29 亿 t、0.25 亿 t、0.11 亿 t。方案五与方案一相比，汛期控制运用水位上浮 20m，30 年累积淤积量仅增加 0.51 亿 t，占 30 年累积淤积量的 5.8%。可见，在现阶段溪洛渡水库汛期运用水位上浮对库区泥沙淤积量的影响非常小。方案五溪洛渡水库逐年排沙比见图 4-14，30 年平均排沙比为 14.8%，比方案一的 19.3% 减小 4.5%。

表 4-7　　　　　　　　　　方案五溪洛渡水库淤积进程

计算时间/年	入库沙量/万 t	出库沙量/万 t	淤积量/万 t	排沙比/%	累积淤积量/亿 t
1	3689	529	3159	14.3	0.32
2	3199	268	2932	8.4	0.61
3	3747	586	3161	15.6	0.93
4	3178	232	2946	7.3	1.22
5	3667	339	3328	9.3	1.55
6	3488	419	3069	12.0	1.86
7	3308	339	2970	10.2	2.16
8	4361	939	3422	21.5	2.50
9	3875	573	3302	14.8	2.83
10	4312	664	3648	15.4	3.19
11	3797	657	3140	17.3	3.51
12	3531	456	3075	12.9	3.82
13	3635	581	3054	16.0	4.12
14	3820	601	3218	15.7	4.44
15	4487	1026	3461	22.9	4.79
16	3282	377	2906	11.5	5.08
17	3334	465	2869	13.9	5.37
18	3796	650	3147	17.1	5.68
19	3730	696	3034	18.7	5.98
20	3703	554	3148	15.0	6.30
21	3153	350	2802	11.1	6.58
22	4201	940	3260	22.4	6.91

计算时间/年	入库沙量/万 t	出库沙量/万 t	淤积量/万 t	排沙比/%	累积淤积量/亿 t
23	3290	407	2883	12.4	7.19
24	3795	640	3155	16.9	7.51
25	3548	467	3081	13.1	7.82
26	3625	513	3111	14.2	8.13
27	3527	496	3030	14.1	8.43
28	3800	661	3138	17.4	8.75
29	3313	427	2886	12.9	9.03
30	4128	797	3331	19.3	9.37
平均	3677	555	3122	14.8	

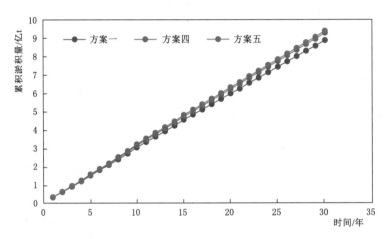

图 4-13 方案五溪洛渡水库累积淤积过程

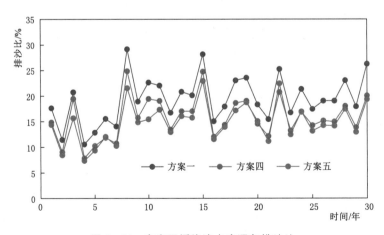

图 4-14 方案五溪洛渡水库逐年排沙比

2. 向家坝库区

在方案五调度条件下，向家坝水库淤积进程及累积淤积过程见表 4-8 和图 4-15。因上游溪洛渡水库汛期运用水位上浮，导致方案五向家坝水库的入库沙量比前四个方案分别减少 0.51 亿 t、0.29 亿 t、0.25 亿 t、0.11 亿 t，相应的库区累积淤积量减少 0.35 亿 t、0.18 亿 t、0.14 亿 t、0.06 亿 t。逐年排沙比见图 4-16，五个方案的排沙比变化较小。

表 4-8   方案五向家坝水库淤积进程

计算时间/年	入库沙量/万 t	出库沙量/万 t	淤积量/万 t	排沙比/%	累积淤积量/亿 t
1	766	441	325	57.6	0.03
2	505	125	380	24.7	0.07
3	823	390	432	47.5	0.11
4	469	85	384	18.0	0.15
5	576	150	427	26.0	0.19
6	656	210	446	32.0	0.24
7	576	163	412	28.4	0.28
8	1176	630	546	53.6	0.34
9	810	307	504	37.8	0.39
10	901	368	533	40.8	0.44
11	894	308	585	34.5	0.50
12	693	166	526	24.0	0.55
13	818	257	561	31.5	0.61
14	838	262	576	31.2	0.66
15	1263	595	667	47.2	0.73
16	613	127	486	20.7	0.78
17	702	197	505	28.0	0.83
18	887	290	597	32.7	0.89
19	933	356	577	38.2	0.95
20	791	226	565	28.6	1.00
21	587	133	454	22.6	1.05
22	1177	508	669	43.1	1.12
23	644	156	488	24.3	1.16
24	877	300	577	34.2	1.22
25	704	179	525	25.4	1.27
26	750	181	569	24.1	1.33
27	733	182	551	24.9	1.39
28	898	276	622	30.7	1.45
29	664	135	529	20.3	1.50
30	1034	385	649	37.2	1.57
平均	792	270	522	32.3	

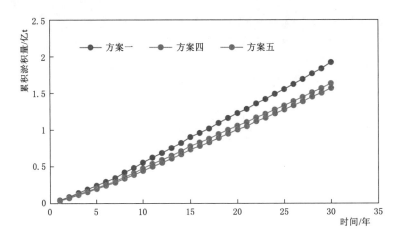

图 4-15 方案五向家坝水库累积淤积过程

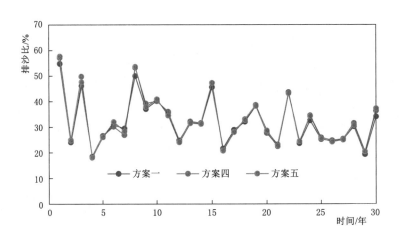

图 4-16 方案五向家坝水库逐年排沙比

(五) 方案六计算成果分析

方案六为向家坝水库运用水位上浮方案，溪洛渡水库汛期运用水位与方案一现行调度方案相同，按照 560m 和 540m 控制，向家坝水库汛期运用水位上浮 2m，按照 372m 控制。

由于溪洛渡水库的运用方式保持不变，因此溪洛渡库区的泥沙淤积过程与现行调度规程的方案一相同，见第三章第四节。

在方案六联合调度运行方式下，向家坝库区淤积进程及累积淤积过程见表 4-9 和图 4-17。向家坝水库 30 年累积淤积量 1.94 亿 t，与方案一相比，向家坝水库汛期控制运用水位上浮 2m，累积淤积量增加 0.02 亿 t，增加比例仅为 1.0%。可见，在现阶段经上游梯级水库大量拦沙后，进入向家坝库区的泥沙量很少且粒径较细，汛期运用水位适当上浮对库区泥沙淤积的影响非常小。方案六下，向家坝水库逐年排沙比见图 4-18。

表 4-9   方案六向家坝水库淤积进程

计算时间/年	入库沙量/万 t	出库沙量/万 t	淤积量/万 t	排沙比/%	累积淤积量/亿 t
1	886	466	420	52.6	0.04
2	603	141	462	23.4	0.09
3	1014	462	553	45.5	0.14
4	572	103	469	18.0	0.19
5	705	194	512	27.5	0.24
6	778	240	538	30.8	0.30
7	699	183	517	26.2	0.35
8	1507	744	763	49.4	0.42
9	971	347	625	35.7	0.49
10	1213	465	748	38.3	0.56
11	1071	355	716	33.1	0.63
12	827	205	621	24.8	0.69
13	992	316	676	31.9	0.76
14	1006	311	696	30.9	0.83
15	1499	671	829	44.7	0.91
16	729	148	581	20.3	0.97
17	835	236	599	28.2	1.03
18	1109	355	754	32.0	1.11
19	1113	406	707	36.5	1.18
20	916	254	662	27.7	1.24
21	724	158	566	21.8	1.30
22	1296	549	747	42.3	1.38
23	785	180	605	22.9	1.44
24	1046	331	715	31.6	1.51
25	855	210	646	24.5	1.57
26	924	226	698	24.5	1.64
27	906	222	684	24.5	1.71
28	1111	335	776	30.1	1.79
29	831	157	674	18.9	1.86
30	1317	448	869	34.0	1.94
平均	961	314	648	31.1	

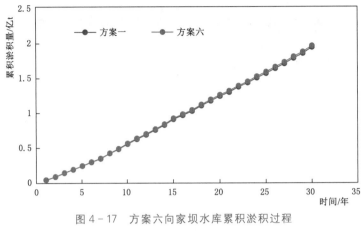

图 4-17 方案六向家坝水库累积淤积过程

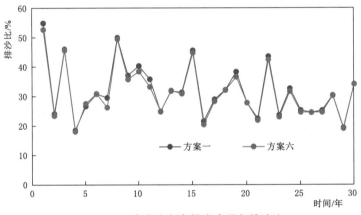

图 4-18 方案六向家坝水库逐年排沙比

(六) 方案七计算成果分析

方案七同样为向家坝水库汛期运用水位上浮方案，溪洛渡水库按照现行调度规程，汛期运用水位按照 560m 和 540m 控制，向家坝水库汛期运用水位比现行调度规程上浮 4m，按照 374m 控制。

在方案七调度方式下运行 30 年，向家坝水库淤积进程及累积淤积过程见表 4-10 和图 4-19，逐年排沙比见图 4-20。向家坝水库累积淤积量为 1.96 亿 t，与方案一和方案六相比，向家坝水库汛期控制运用水位分别上浮 4m 和 2m，累积淤积量相应增加 0.04 亿 t 和 0.02 亿 t，增加比例在 2.0% 以内。三个方案的淤积量变化较小，排沙比同样变化较小，可以忽略不计。

表 4-10 方案七向家坝水库淤积进程

计算时间/年	入库沙量/万 t	出库沙量/万 t	淤积量/万 t	排沙比/%	累积淤积量/亿 t
1	886	455	432	51.3	0.04
2	603	127	476	21.0	0.09
3	1014	450	565	44.3	0.15
4	572	98	474	17.2	0.19

计算时间/年	入库沙量/万 t	出库沙量/万 t	淤积量/万 t	排沙比/%	累积淤积量/亿 t
5	705	181	524	25.7	0.25
6	778	232	546	29.8	0.30
7	699	189	510	27.0	0.35
8	1507	726	781	48.2	0.43
9	971	336	636	34.5	0.49
10	1213	470	743	38.7	0.57
11	1071	363	708	33.9	0.64
12	827	204	623	24.7	0.70
13	992	314	677	31.7	0.77
14	1006	301	706	29.9	0.84
15	1499	663	837	44.2	0.92
16	729	145	584	19.9	0.98
17	835	233	602	27.9	1.04
18	1109	352	757	31.8	1.12
19	1113	398	715	35.8	1.19
20	916	243	672	26.6	1.26
21	724	152	572	21.0	1.31
22	1296	543	753	41.9	1.39
23	785	177	608	22.6	1.45
24	1046	324	722	31.0	1.52
25	855	205	650	24.0	1.59
26	924	220	704	23.9	1.66
27	906	212	694	23.4	1.73
28	1111	320	790	28.8	1.81
29	831	155	676	18.6	1.87
30	1317	438	879	33.2	1.96
平均	961	308	654	30.4	

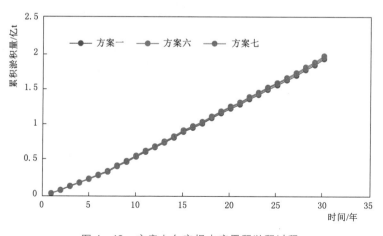

图 4-19 方案七向家坝水库累积淤积过程

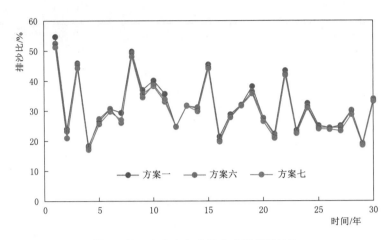

图 4-20　方案七向家坝水库逐年排沙比

（七）方案八计算成果分析

方案八为溪洛渡和向家坝两库汛期运用水位同时上浮方案，与现行调度规程相比，溪洛渡水库汛期运用水位上浮 20m，按照 580m 和 560m 控制，向家坝水库汛期运用水位上浮 4m，按照 374m 控制。

溪洛渡水库运行方式与方案五相同，溪洛渡库区的泥沙淤积过程见方案五计算结果。

在方案八调度运行条件下，向家坝水库淤积进程及累积淤积过程见表 4-11 和图 4-21，逐年排沙比见图 4-22。向家坝库区 30 年累积淤积量为 1.60 亿 t。向家坝入库水沙条件与方案五相同，汛期控制运用水位上浮了 4m，30 年累积淤积量由 1.57 亿 t 增加到 1.60 亿 t，增加 0.03 亿 t，增加比例 1.9%。各方案之间排沙比的变化同样非常小。方案八中向家坝库区的泥沙淤积变化规律与方案六和方案七相同，数量也较为接近。

表 4-11　　　　　　　　方案八向家坝水库淤积进程

计算时间/年	入库沙量/万 t	出库沙量/万 t	淤积量/万 t	排沙比/%	累积淤积量/亿 t
1	766	416	350	54.3	0.03
2	505	108	397	21.4	0.07
3	823	379	443	46.1	0.12
4	469	82	388	17.4	0.16
5	576	149	427	25.9	0.20
6	656	208	448	31.7	0.25
7	576	159	417	27.6	0.29
8	1176	602	574	51.2	0.34
9	810	287	523	35.4	0.40
10	901	332	569	36.9	0.45
11	894	277	617	31.0	0.52
12	693	167	526	24.1	0.57

续表

计算时间/年	入库沙量/万 t	出库沙量/万 t	淤积量/万 t	排沙比/%	累积淤积量/亿 t
13	818	252	566	30.8	0.62
14	838	238	600	28.4	0.68
15	1263	570	693	45.1	0.75
16	613	116	498	18.9	0.80
17	702	198	503	28.3	0.85
18	887	270	617	30.5	0.92
19	933	339	594	36.3	0.97
20	791	224	568	28.3	1.03
21	587	122	465	20.8	1.08
22	1177	505	673	42.9	1.15
23	644	148	496	23.0	1.19
24	877	290	587	33.1	1.25
25	704	167	537	23.7	1.31
26	750	175	575	23.3	1.36
27	733	174	559	23.7	1.42
28	898	269	630	29.9	1.48
29	664	130	534	19.6	1.54
30	1034	361	673	34.9	1.60
平均	792	257	535	30.8	

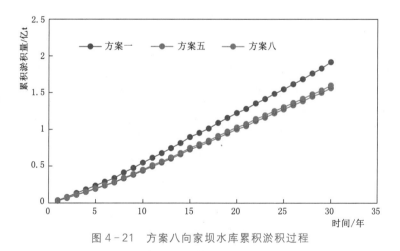

图 4-21　方案八向家坝水库累积淤积过程

　　总体而言，由于向家坝库区的入库沙量较少、粒径较细，且汛期控制运用水位的上浮幅度仅为 4m，相对于坝前百米级水深而言，变幅较小，因此，对库区泥沙淤积量的影响仅为 2% 以内。

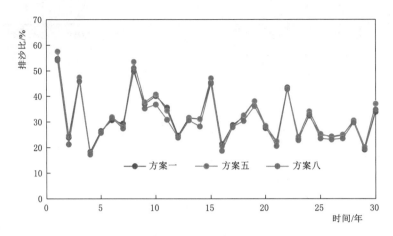

图 4 - 22 方案八向家坝水库逐年排沙比

三、淤积量对比分析

不同汛期运用水位方案溪洛渡和向家坝水库淤积量对比见表 4 - 12。现行调度规程下溪洛渡水库 30 年累积淤积 8.86 亿 t，向家坝水库 30 年累积淤积 1.92 亿 t。

表 4 - 12　　　　　　　　不同方案溪洛渡和向家坝水库淤积量对比

方　案	溪　洛　渡		向　家　坝	
	汛限水位/m	淤积量/亿 t	汛限水位/m	淤积量/亿 t
方案一	560	8.86		1.92
方案二	565	9.08		1.75
方案三	570	9.12	370	1.71
方案四	575	9.26		1.63
方案五	580	9.37		1.57
方案六	560	8.86	372	1.94
方案七	560	8.86	374	1.96
方案八	580	9.37	374	1.60

方案二～方案五溪洛渡水库汛期控制运用水位分别上浮 5m、10m、15m 和 20m，则库区 30 年累积淤积量比现行调度规程方案分别增加 0.22 亿 t、0.26 亿 t、0.40 亿 t 和 0.51 亿 t，年平均淤积量增加 73 万～170 万 t，增加比例为 2.5％～5.8％。由溪洛渡水库汛期运用水位上浮对比方案的计算结果可见，汛期控制运用水位的上浮对溪洛渡库区泥沙淤积量的影响并不明显，无论是淤积量增加的绝对值还是增加量的占比都较小。究其原因，主要有三方面：一是上游梯级水库的运用拦蓄了大量泥沙，溪洛渡水库年均入库沙量仅 3677 万 t，且干流入库泥沙均为经过拦蓄后的细颗粒泥沙，泥沙淤积量较小；二是溪洛渡水库坝高库深，库区水流流速极小，汛期运用水位的变化对水流流速的影响较小，从而对泥沙淤积的影响也较小；三是溪洛渡水库汛期坝前水深达 200m，本项研究中最大的水位上浮幅度为 20m，占坝前水深的 10％以内。由此可见，在未来 30 年溪洛渡水库汛期运

用水位上浮 20m 也不影响库区泥沙淤积的总体进程。

在溪洛渡水库汛期运用水位上浮的条件下，向家坝水库运用方式若保持现状不变，则 30 年累积淤积量为 1.75 亿～1.57 亿 t，比两库同为现状条件下的淤积量减少 0.17 亿～ 0.35 亿 t，这是由于溪洛渡汛期运用水位上浮后淤积量增加，减少了进入向家坝水库的泥沙量，从而淤积量相应减少。

若溪洛渡水库调度运用方式保持现状不变，向家坝水库汛期运用水位上浮 2m，则向家坝水库 30 年累积淤积量为 1.94 亿 t，比现状条件下增加 0.02 亿 t，年平均增加淤积量仅 7 万 t，增加比例为 1.0%；向家坝水库汛期运用水位上浮 4m，30 年累积淤积量为 1.96 亿 t，比现状条件下增加 0.04 亿 t，年平均增加淤积量 13 万 t，增加比例为 2.1%。向家坝水库汛期控制运用水位的上浮对库区泥沙淤积量的影响同样不明显，无论是淤积量增加的绝对值还是增加量的占比都较小。其原因同样为三方面：一是上游梯级水库的运用拦蓄了绝大部分泥沙，使得干流进入向家坝水库的泥沙年均仅 724 万 t，且均为经过拦蓄后的细颗粒泥沙，向家坝库区区间入库沙量仅为 237 万 t，总入库沙量年均 961 万 t，因此库区泥沙淤积量较小；二是向家坝水库库区水深近百米，水流流速非常小，汛期运用水位的变化对水流流速的影响较小，从而对泥沙淤积的影响也较小；三是向家坝水库汛期运用水位的上浮幅度有限，最大为 4m，相对于汛期坝前百米级的水深，变幅在 4% 以内。因此，在未来 30 年向家坝水库汛期运用水位适当上浮不会对库区泥沙淤积的总体进程产生影响。

若溪洛渡汛期运用水位上浮 20m，同时向家坝汛期运用水位上浮 4m，则溪洛渡库区 30 年累积淤积量比现行调度规程下增加 0.51 亿 t，向家坝库区累积淤积量减少 0.32 亿 t，两库总淤积量增加 0.19 亿 t，占两库 30 年总淤积量 10.78 亿 t 的 1.8%。

四、对发电水头的影响分析

从不同汛期运用水位条件下溪洛渡和向家坝水库的泥沙淤积量比较分析结果来看，汛期运用水位适当上浮，对两库泥沙淤积进程的影响很小，30 年累积淤积量的变化幅度均在 6% 以内，但是汛期运用水位的上浮却能带来直接的发电效益。水力发电的出力公式：

$$N = 9.81QH\eta$$

式中：N 为水电站出力，kW；Q 为引用流量，m^3/s；H 为净水头，m；η 为水轮发电机组的总效率。

根据上式，汛期运用水位的上浮对发电效益的影响直接表现为净水头的增加。

根据现行调度规程，向家坝水库汛期运用水位上浮将对汛期约 100 天的水位产生影响。向家坝水库汛期运用水位上浮 2m，则坝前水位平均抬升 1.76m，同时库尾断面水位平均抬升 0.55m，即向家坝水库的汛期水头平均增加 1.76m，同时溪洛渡水库的水头平均减少 0.55m；向家坝水库汛期运用水位上浮 4m，则向家坝水库的汛期水头平均增加 3.51m，同时溪洛渡水库的水头平均减少 1.26m。

溪洛渡水库执行汛期调度方式的时间较长，溪洛渡水库汛期运用水位上浮将对全年汛期约 150 天的水位产生影响。溪洛渡水库汛期运用水位上浮 5m，则汛期坝前水位平均抬升 4.73m，汛期运用水位上浮 20m，则汛期坝前水位平均抬升 14.20m。由于溪洛渡水库汛期回水离库尾尚有一定距离，汛期运用水位的上浮并未对库尾水位产生较大影响，坝前水位上浮 5m，库尾水位仅抬高 0.3m 左右，坝前水位上浮 20m，库尾水位仅抬高 1.0m 左右，对上游白鹤滩水库的出力影响较小。

如果溪洛渡水库汛期运用水位上浮 20m，向家坝水库汛期运用水位同时上浮 4m，则有约 100 天向家坝水库的平均水头增加 3.51m，溪洛渡水库约 100 天平均水头增加 13.90m，约 50 天平均水头增加 14.20m。由此增加的发电效益显著，同时并未明显增加库区泥沙量，对水库使用寿命影响较小。因此，在满足防洪要求的前提下，可适当抬高溪洛渡和向家坝水库的汛限水位，以增加发电效益。

第二节　溪洛渡、向家坝两库汛后蓄水次序和时机研究

溪洛渡和向家坝水库汛后蓄水量达 55.5 亿 m³，为了使各个梯级水库在汛后能够顺利蓄水到正常运用水位，必然要提前蓄水，甚至需提前到主汛期，而这时水体含沙量仍然较大，蓄水必然引起严重泥沙淤积，损失库容。因此，此次针对两个问题开展研究：一是梯级水库蓄水时机；二是合理安排梯级水库蓄水次序以减少提前蓄水带来的泥沙淤积。

一、现行蓄水方式分析

分析溪洛渡和向家坝水库蓄水运用以来的坝前运用水位过程，如图 4-23、图 4-24 所示。溪洛渡水库汛后坝前水位超过汛限 560m 的时间逐年依次为：2014 年 7 月 12 日、2015 年 8 月 20 日，2016 年 6 月 27 日，2017 年 6 月 30 日，2018 年 6 月 30 日，2019 年 9 月 10 日，2020 年 7 月 12 日。总结其蓄水规律为：根据来水情况和发电需求，7 月初至 8 月底弹性蓄水（不超过 580m），9 月初开始第二轮蓄水，至 9 月底蓄至正常蓄水位。向家坝水库目前汛期运用水位已超过 370m，统计其汛后坝前水位开始明显抬升的时间逐年依次为：2013 年 9 月 2 日，2014 年 8 月 25 日，2015 年 8 月 27 日，2016 年 8 月 27 日，2017 年 9 月 1 日，2018 年 9 月 9 日，2019 年 8 月 31 日。总结其蓄水规律为：8 月底至 9 月上旬开始蓄水，9 月底前蓄至正常蓄水位。由此可见，溪洛渡和向家坝两个梯级水库均

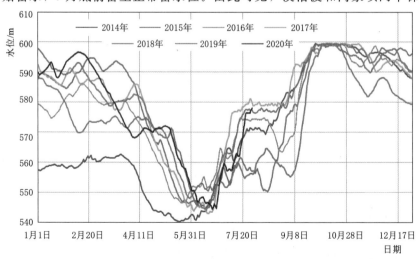

图 4-23　溪洛渡水库坝前水位过程

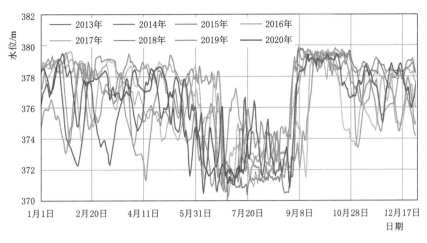

图 4-24　向家坝水库坝前水位过程

是从 9 月初开始正式蓄水，至 9 月底蓄至正常蓄水位，两库均衡蓄水，平均 20 天左右蓄满。

二、蓄水次序研究

针对溪洛渡和向家坝水库的蓄水次序问题，分别设计了上库先蓄、下库先蓄和均衡蓄水三种对比方案，以研究不同蓄水次序对两库泥沙淤积量的影响。

均衡蓄水，即溪洛渡和向家坝水库同时于 9 月初开始蓄水，均衡蓄水至正常蓄水位；上库先蓄，即溪洛渡水库于 9 月初开始优先蓄水，超过发电流量的余水均蓄于库内，溪洛渡水库蓄满后向家坝水库再开始蓄水；下库先蓄，即向家坝水库于 9 月初开始优先蓄水，溪洛渡水库超过发电流量的余水全部下泄，待向家坝水库蓄满后溪洛渡水库再开始蓄水。

不同蓄水次序方案溪洛渡和向家坝水库的淤积量对比和累积淤积量过程见表 4-13 和图 4-25、图 4-26。两库均衡蓄水（即现状方案）时，溪洛渡水库 30 年淤积量为 8.86 亿 t；上库先蓄方案淤积量为 9.02 亿 t，比均衡蓄水方案增加 0.16 亿 t；下库先蓄方案淤积量为 8.57 亿 t，比均衡蓄水方案减少 0.29 亿 t。两库均衡蓄水（即现状方案）时，向家坝水库 30 年淤积量为 1.72 亿 t；上库先蓄方案淤积量为 1.62 亿 t，比均衡蓄水方案减少 0.10 亿 t；下库先蓄方案淤积量为 1.87 亿 t，比均衡蓄水方案增加 0.15 亿 t。

表 4-13　　　　　不同蓄水次序方案溪洛渡和向家坝水库淤积量对比　　　　　单位：亿 t

蓄水方案	均衡蓄水	上 库 先 蓄		下 库 先 蓄	
	淤积量	淤积量	淤积量变化	淤积量	淤积量变化
溪洛渡	8.86	9.02	0.16	8.57	−0.29
向家坝	1.72	1.62	−0.10	1.87	0.15
两库合计	10.58	10.64	0.06	10.44	−0.14

由不同蓄水次序方案两库淤积量对比分析可知，上库先蓄则上库拦蓄了更多汛末较高含沙量的入库径流，因此上库淤积量有所增加，30 年累积淤积量增加 0.16 亿 t，平均每

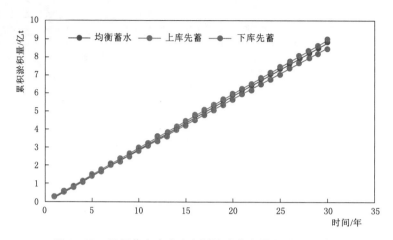

图 4-25 不同蓄水次序方案溪洛渡水库累积淤积量过程

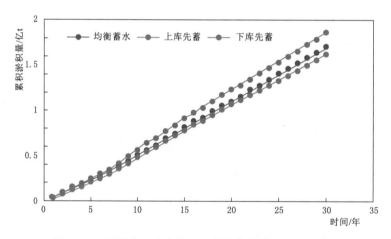

图 4-26 不同蓄水次序方案向家坝水库累积淤积量过程

年增加淤积量 53 万 t，相应地下库淤积量减少 0.10 亿 t，平均每年减少淤积量 33 万 t。下库淤积量的减少有两方面原因：一是上库淤积量增加导致下库入库沙量减少；二是推迟蓄水时间拦蓄的水流含沙量相对较低。

下库先蓄方案与上库先蓄方案淤积量变化规律正好相反，上库推迟蓄水时间以至于淤积量有所减少，30 年累积淤积量减少 0.29 亿 t，平均每年较少淤积 97 万 t，相应地下库累积淤积量增加 0.15 亿 t，平均每年增加淤积量 50 万 t。

从两库合计淤积量来看，上库先蓄方案比均衡蓄水方案总淤积量增加 0.06 亿 t，而下库先蓄方案合计淤积量则减少 0.14 亿 t。由此可见，下库先蓄方案能够减少梯级水库的总淤积量，可有更多泥沙排到下游河道。虽然从 30 年的计算结果看，不同蓄水次序方案的累积淤积量变化，仅占总淤积量的 1.3% 左右，但是从长期来看，一定运用年限以后上游梯级水库排沙比增加，溪洛渡和向家坝两个梯级的入库沙量增加，则下库先蓄方案的减淤效果将会有更加明显体现。并且，未来 30 年两库的淤积还未明显影响到有效库容，待水库运用后期，不同蓄水次序的减淤效果将会更多表现在对有效库容的影响。因此，在梯级水库的调度运用中，可以采用下游梯级适当先蓄水的调度方式，以减少梯级水库的总淤积量、合理配置泥沙在梯级水库中的分布，利于有效库容的保持，最大程度发挥梯级水库的综合效益。

三、蓄水时机研究

梯级水库蓄水时机是由汛后来水量决定的。选取丰、中、枯三个代表年，分别研究不同来水条件下的蓄水时机。

华弹站为溪洛渡和向家坝梯级水库的入库控制站（2015 年后为白鹤滩站），华弹站长系列输水输沙过程见图 4-27、图 4-28。华弹站 1958—2020 年平均径流量为 1255 亿 m³，本次研究所采用的计算水沙系列 1991—2020 年平均径流量为 1290 亿 m³，平均值较为接近。选取 1998 年为丰水代表年，其径流量为 1692 亿 m³；2009 年为中水代表年，径流量为 1286 亿 m³，与多年平均值接近；1992 年为枯水代表年，径流量为 963.5 亿 m³。

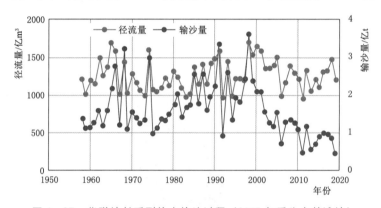

图 4-27　华弹站长系列输水输沙过程（2015 年后为白鹤滩站）

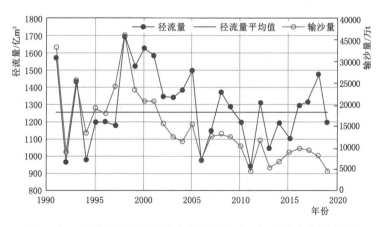

图 4-28　华弹站计算系列输水输沙过程（2015 年后为白鹤滩站）

溪洛渡水电站的最大发电引水流量为 7450m³/s，向家坝水电站的额定引水流量为 7100m³/s。现行调度规程下溪洛渡和向家坝水库入库流量和含沙量过程（不含区间）见图 4-29～图 4-32。由图可见，枯水代表年经过上游两个梯级乌东德、白鹤滩水库调蓄后基本没有大于发电引水流量的过程，因此枯水年各梯级均不能保证满发蓄水。丰水代表年和中水代表年均在 9 月 20 日左右入库流量小于发电引水流量，满发条件下无法继续蓄水。

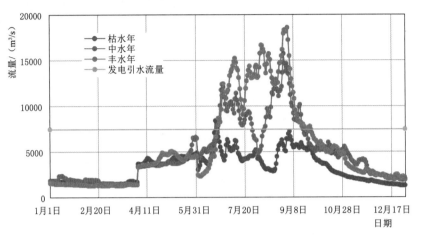

图 4 - 29　溪洛渡水库不同代表年入库流量过程

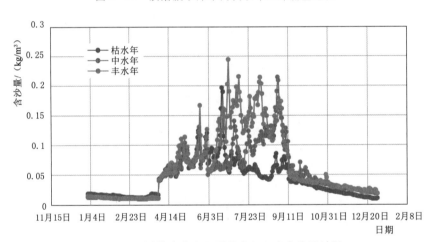

图 4 - 30　溪洛渡水库不同代表年入库含沙量过程

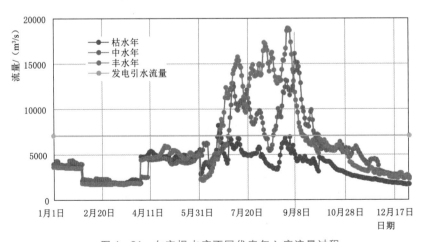

图 4 - 31　向家坝水库不同代表年入库流量过程

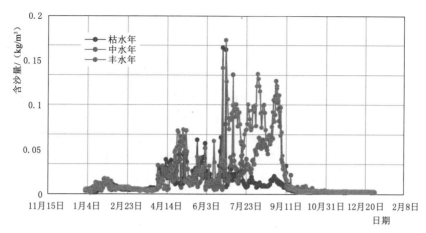

图4－32　向家坝水库不同代表年入库含沙量过程

经过水量平衡计算，溪洛渡和向家坝梯级水库在保证电站满发的条件下，丰水代表年于9月1日前开始蓄水，均能保证8～10天蓄满（满足溪洛渡水库调度规程中水位日变幅不超过3～5m/天的规定），最晚宜于9月3日开始蓄水，否则不能保证水库蓄至正常蓄水位；中水代表年8月21日开始蓄水，则8月31日可以蓄至正常蓄水位，8月31日开始蓄水，则9月18日蓄至正常蓄水位，9月1日以后开始蓄水，则不能保证满发条件下水库蓄满水。

针对不同来水代表年不同的蓄水时机，设计了4个研究方案，计算分析不同蓄水时机对溪洛渡和向家坝水库淤积量的影响。不同方案计算条件及计算结果见表4－14。

表4－14　　　　　　　　　　　　不同蓄水时段方案对比

来水代表年	蓄水开始时间	蓄满时间/天	溪洛渡淤积量/万t	向家坝淤积量/万t
丰水代表年	8月21日	10	3259	647
	9月1日	10	3263	641
中水代表年	8月21日	11	2976	554
	8月31日	19	2966	550

丰水代表年，8月21日开始蓄水，历时10天蓄满，溪洛渡水库年淤积量为3259万t，向家坝水库年淤积量为647万t；若推迟到9月1日开始蓄水，同样历时10天蓄满，溪洛渡水库年淤积量为3263万t，比8月21日蓄水方案增加4万t，向家坝水库年淤积量为641万t，比8月21日蓄水方案减少6万t。一般情况下水库推迟蓄水时间库区内淤积量会减少，而溪洛渡水库的淤积量反而增加，究其原因，从图4－30不难看出，9月1—10日的含沙量较8月21—30日高，因此蓄水时拦蓄的泥沙量更大，直接导致了溪洛渡水库推迟蓄水反而淤积量有所增加。向家坝水库9月1日蓄水方案则比8月21日蓄水方案淤积量减少，有两方面原因：一是经过溪洛渡水库拦蓄后进入向家坝水库的泥沙量减少了4万t；二是延迟蓄水则低水位运用时间更长，排沙量增加。由此可见，蓄水时机对库区淤积量的影响主要取决于蓄水过程中的入库含沙量大小，一般情况下汛末流量逐渐降低，入库含沙量也随之降低，因此推迟蓄水时间将会减少库区淤积，反之提前蓄水则会一定程

度增加库区泥沙淤积。

中水代表年，8月21日开始蓄水，历时11天蓄满，溪洛渡水库的年淤积量为2976万t，向家坝水库的年淤积量为554万t；若推迟到8月31日开始蓄水，历时19天蓄满，溪洛渡水库的年淤积量为2966万t，比8月21日蓄水方案减少淤积10万t，向家坝水库年淤积量为550万t，比8月21日蓄水方案减少淤积量4万t。从图4-30可以看到，8月21—31日正好是入库含沙量的峰值期，8月31日以后含沙量逐步降低，因此推迟到8月31日蓄水对溪洛渡库区泥沙有一定减淤作用，向家坝水库受入库沙量增加和低水位运用时间较长共同影响，库区泥沙淤积量减少4万t。总体来看，中水代表年在保证电站满发的条件下可于8月31日左右开始蓄水，比提前到8月21日左右蓄水有一定的减淤作用。

第五章

沙峰排沙优化调度

在天然情况下，山区河道洪水以行进波的形式传播为主，而形成水库以后，由于库区水位抬高多，洪水以重力波的形式传播作用加强，传播速度加快。但同时，水库蓄水后由于水流流速减慢，悬移质输移减慢较多。也就是说，水库蓄水后，库区悬移质输移时间比洪水传播时间滞后较多，形成沙峰滞后洪峰现象，增加了洪水排沙难度。本章采用三维数值模型开展水沙异步运动规律及沙峰排沙优化调度研究，以减少水库泥沙淤积。

第一节 三维数学模型基本理论

SCHISM 模型是基于雷诺时均方程（RANS）和静压假定的三维水沙动力学模型，采用有限体积方法求解，水平面上采用三角形网格和四边形网格，垂直方向上采用混合 SZ 坐标。模型有如下优点：不需要对复杂的地形进行光滑的处理，干湿边界算法计算较为稳定，采用半隐式时间步长对 CFL 限制性较小，计算效率较高。数学模型能够进行长时间和长距离复杂的大型深水水库的洪水传播和泥沙输移的模拟，可以解决实际工程中水沙输移、泥沙冲淤和地形演变等各类问题。下面简单介绍数值模型中水流基本控制方程、泥沙输运方程和地形演变方程。

一、水流基本控制方程

在笛卡尔坐标系下，三维水动力学模型 SCHISM[1-2] 的控制方程采用基于 Reynolds 时均 NS 方程，满足静压假定和 Boussinesq 涡黏性假定。在笛卡尔坐标系下，不可压缩流体 NS 方程的连续性方程可以描述为

$$\frac{\partial u}{\partial x}+\frac{\partial v}{\partial y}+\frac{\partial w}{\partial z}=0 \tag{5-1}$$

动量守恒方程：

$$\frac{Du}{Dt}=fu-g\frac{\partial \eta}{\partial x}-\frac{1}{\rho_0}\frac{\partial p_a}{\partial x}-\frac{g}{\rho_0}\int_{z_b}^{\eta}\frac{\partial \rho}{\partial x}\mathrm{d}z+\frac{\partial}{\partial z}\left(K_{mv}\frac{\partial u}{\partial z}\right)+K_{mh}\left(\frac{\partial^2 u}{\partial x^2}+\frac{\partial^2 u}{\partial y^2}\right) \tag{5-2}$$

$$\frac{Dv}{Dt}=fv-g\frac{\partial \eta}{\partial x}-\frac{1}{\rho_0}\frac{\partial p_a}{\partial y}-\frac{g}{\rho_0}\int_{z_b}^{\eta}\frac{\partial \rho}{\partial y}\mathrm{d}z+\frac{\partial}{\partial z}\left(K_{mv}\frac{\partial v}{\partial z}\right)+K_{mh}\left(\frac{\partial^2 v}{\partial x^2}+\frac{\partial^2 v}{\partial y^2}\right) \tag{5-3}$$

式中：x、y 分别表示笛卡尔水平坐标；z 为垂向坐标，向上为正；u、v、w 分别表示 3 个方向的流速；t 为时间；f 为柯氏力系数；η 为自由水面；z_b 为河床底高程；ρ_0 和 ρ 分别表示参考密度和混合流体的密度；g 为重力加速度；K_{mh}、K_{mv} 分别为水平与垂直向涡黏性系数，其中垂向涡黏性系数基于紊流模型进行封闭，水平涡黏性系数采用常数化处理；p_a 为自由水面大气压强。

水体和空气之间自由交接面采用水位函数法计算，通过对连续方程（5-1）进行沿水深方向积分，可得自由水面方程：

$$\frac{\partial \eta}{\partial t} + \frac{\partial}{\partial x}\int_{z_b}^{\eta} u\,\mathrm{d}z + \frac{\partial}{\partial y}\int_{z_b}^{\eta} v\,\mathrm{d}z = 0 \tag{5-4}$$

河床底面的动力学边界条件由床底摩擦剪应力和水体底层的雷诺应力给出：

$$K_{mv}\left(\frac{\partial u}{\partial z}, \frac{\partial v}{\partial z}\right) = (\tau_{bx}, \tau_{by}),\ z = z_b \tag{5-5}$$

式中：τ_{bx}、τ_{by} 分别为床面的 x、y 方向摩擦剪应力。

在水流的边界层内，垂向流速的分布满足：

$$|u| = \frac{u_*}{\kappa} = \ln\left(\frac{\delta_b}{z_0}\right) \tag{5-6}$$

$$|u| = \sqrt{u^2 + v^2} \tag{5-7}$$

$$u_* = \sqrt{(|\tau_{bx}| + |\tau_{by}|)/\rho} \tag{5-8}$$

式中：z_0 为粗糙长度；δ_b 为计算域底部垂向网格的厚度。

采用 Generic Length Scale（GLS）紊流闭合模型[3] 对垂向紊动涡黏性系数 K_{mv} 进行封闭求解，包括紊动能 k 方程和通用紊动长度 Ψ 方程。GLS 紊流模型的控制方程为

$$\frac{Dk}{Dt} = \frac{\partial}{\partial z}(\nu_k^{\Psi}) + \nu M^2 + \mu N^2 - \varepsilon \tag{5-9}$$

$$\frac{D\Psi}{Dt} = \frac{\partial}{\partial z}\left(\nu_{\Psi}\frac{\partial \Psi}{\partial z}\right) + \frac{\Psi}{k}(c_{\Psi 1}\nu M^2 + c_{\Psi 3}\mu N^2 - c_{\Psi 2}f_w\varepsilon) \tag{5-10}$$

$$\nu_k^{\Psi} = \frac{K_{mv}}{\sigma_k} \tag{5-11}$$

$$\nu_{\Psi} = \frac{K_{mv}}{\sigma_{\Psi}} \tag{5-12}$$

$$M^2 = \left(\frac{\partial u}{\partial z}\right)^2 + \left(\frac{\partial v}{\partial z}\right)^2 \tag{5-13}$$

$$N^2 = \frac{g}{\rho_0}\frac{\partial \rho}{\partial z} \tag{5-14}$$

式中：k 为紊动能；Ψ 为通用紊动长度参数；μ 为盐度、温度等物质的垂向扩散系数；ν_k、ν_{Ψ} 分别为紊动能和通用紊动长度的垂向扩散系数；ε 为紊动耗散项；f_{ω} 为壁面函数，在 k-ε 紊流闭合方程中为 1；$c_{\Psi 1}$、$c_{\Psi 2}$、$c_{\Psi 3}$ 为紊流闭合模型中的系数，在不同的 k-ε 闭

合模型中取值不同；M^2 和 N^2 分别为剪切变形和密度分层而引起的紊动能产生项；通用紊动长度 Ψ 和紊动能耗散项 ε 是紊流闭合模型中的关键参数，其表达式如下：

$$\Psi = (c_\mu^0)^m k^n l^p \qquad (5-15)$$

$$\varepsilon = (c_\mu^0)^m k^n l^p \qquad (5-16)$$

式中：l 为紊动掺混长度；c_μ 为常数 0.3。

在 GLS 模型中，$k-\varepsilon$ 双紊流模式方程参数取值见表 5-1。

表 5-1   GLS 模型中 $k-\varepsilon$ 双紊流模式方程参数值

m	n	p	σ_k	σ_Ψ	$c_{\Psi 1}$	$c_{\Psi 2}$	$c_{\Psi 3}$
3	1.5	−1	1	1.3	1.44	1.92	1

二、悬移质泥沙输运方程

在水体紊流结构作用下，水体各层之间不仅有动量的交换，而且还带有水体和床面之间的物质交换。悬移质泥沙颗粒随着水体的流动而产生物质输移，在水体对流扩散作用下形成一定的浓度分布。悬移质泥沙输运方程基于对流扩散理论，将泥沙视为连续性介质，并假设悬移质泥沙颗粒和水体运动在垂直方向上存在速度差，且等于泥沙颗粒的沉速。基于对流-扩散理论，悬移质泥沙输运方程的表达式为

$$\frac{\partial C_i}{\partial t} + u\frac{\partial C_i}{\partial x} + v\frac{\partial C_i}{\partial y}(w+\omega_{f,i})\frac{\partial C_i}{\partial z} = \frac{\partial}{\partial z}\left(K_{sv}\frac{\partial C_i}{\partial z}\right) + K_{sh}\left(\frac{\partial^2 C_i}{\partial x^2} + \frac{\partial^2 C_i}{\partial y^2}\right) \quad (5-17)$$

式中：C_i 为 i 组泥沙颗粒含沙量；$\omega_{f,i}$ 为 i 组泥沙颗粒的沉降速度；K_{sv} 为泥沙颗粒的垂向扩散系数，通常假定与水流紊动黏性系数呈倍数关系，可通过紊流闭合模型求解或采用经验关系估计：$K_{sv} = K_{mv}/\sigma_s$，σ_s 为 Schmidt 数，取值通常在 0.6~1.2 之间；K_{sh} 为泥沙颗粒的水平向扩散系数，泥沙颗粒在水平上扩散远小于垂向扩散，通常忽略不计。

水体和大气交界面位置没有泥沙交换，因此悬移质泥沙输运方程在水体表面的边界条件为

$$\omega_{f,i}C_i + K_{sv}\frac{\partial C_i}{\partial z} = 0 \qquad (5-18)$$

在水体紊流作用下，悬移质和床面泥沙在河床表面进行相互交换，水体在底部边界条件为

$$\omega_{f,i}C_i + K_{sv}\frac{\partial C_i}{\partial z} = \omega_s(C_b - \alpha S) \qquad (5-19)$$

式中：C_b 为床面泥沙浓度，大小与床面附近泥沙特性有关。

细颗粒泥沙一般存在絮凝现象，泥沙絮凝前后泥沙颗粒沉速的变化一般采用絮凝因数 F 来反映[4]，絮凝因数的表达式为

$$F = \frac{\omega_{f,i}}{\omega_{s,i}} \qquad (5-20)$$

式中：$\omega_{f,i}$、$\omega_{s,i}$ 分别为泥沙颗粒在动水中的沉速和静水中的沉速。

目前较为广泛采用的絮凝因数形式[5]为

$$F = \alpha D^\beta \qquad (5-21)$$

式中：α 取值为 0.013；β 取值为 -1.90；D 为泥沙直径。

三、河床演变方程

在水体紊流作用下，悬移质和床面泥沙在垂向上进行泥沙交换。泥沙交换过程可看作床面附近泥沙颗粒在垂向上通量的交换，数学模型中泥沙床面可按照多组分、多层次设置[6]。根据泥沙质量守恒，悬移质和床面之间泥沙垂向上的沉积通量 D_b 和冲刷通量 E_b 的表达式分别为

$$D_b = \omega_{si} c_{1,i} \qquad (5-22)$$

$$E_b = E_{0,i}(1-q_i)/(\tau_f/\tau_{cr,i}-1), \ \tau_f > \tau_{cr,s} \qquad (5-23)$$

式中：$c_{1,i}$ 为数值模型中最底部一层网格的 i 组泥沙浓度；$E_{0,i}$ 为经验冲刷率系数，系数大小根据床面泥沙颗粒特性确定，取值范围一般为 $10^{-4} \sim 10^{-2}$ kg/(m²·s)[7-8]；q_i 为床面泥沙层 i 组泥沙颗粒的体积分数；$\tau_{cr,i}$ 为 i 组泥沙颗粒临界起动剪切应力；τ_f 为水流底部的剪切应力。

床面泥沙冲刷表达式[9] 为

$$\frac{E_{b,i}}{M_{E,i}} = \begin{cases} 0, & \frac{\tau_b}{\tau_{cr,i}} < 0.52 & \text{（无冲刷）} \\ \alpha_1\left(\frac{\tau_b}{\tau_{cr,i}}\right)^3 + \alpha_2\left(\frac{\tau_b}{\tau_{cr,i}}\right)^2 + \alpha_3\left(\frac{\tau_b}{\tau_{cr,i}}\right) + \alpha_4 & \text{（黏性表面冲刷）} \\ \frac{\tau_b}{\tau_{cr,i}} - 1, & \frac{\tau_b}{\tau_{cr,i}} > 1.7 & \text{（表面冲刷）} \end{cases} \qquad (5-24)$$

式中：$M_{E,i}$ 为泥沙冲刷系数，取值范围为 $10^{-4} \sim 10^{-2}$ kg/(m²·s)。

悬移质和床面泥沙交换和净输运导致河床表面地形的变化，床面地形变化的公式为

$$\Delta h = \frac{(D_q - E_q)\Delta t}{\rho_s(1-p)} \qquad (5-25)$$

式中：Δh 为泥沙床面高程的变化量。

第二节　数值模型的建立及验证

一、数值模型的建立

溪洛渡库区长约190km，库区内支流主要包括西溪河、牛栏江和美姑河（图5-1）；干流水文站主要有白鹤滩和溪洛渡，支流水文站主要有昭觉站（西溪河）、大沙店（牛栏江）和美姑（美姑河），水位站主要有春江和黄角堡。溪洛渡库区190km进行三维水沙数值模拟，计算量较大；满足计算精度的要求下，溪洛渡水库的上游及支流河道较窄，采用23m大小的三角形网格；干流库区宽阔河段的边滩采用23m大小的三角网格，主槽采用

28m 大小的四边形网格。库区地形依据 2016 年的实测散点地形资料进行插值，插值后的地形高程及平面网格设置见图 5-1，网格节点数为 351900，网格数为 231827。

图 5-2 给出了溪洛渡水库垂向网格示意图，图 5-2(a) 为横断面垂向网格，图 5-2(b)

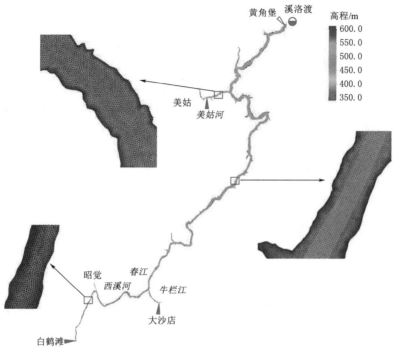

图 5-1 研究区域地形高程及平面网格设置

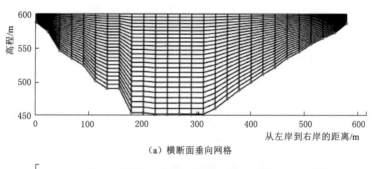

（a）横断面垂向网格

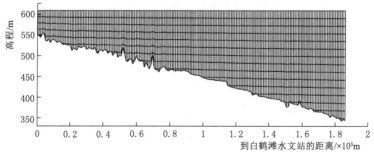

（b）沿着深泓线垂向网格

图 5-2 垂向网格设置

为沿着深泓线垂向网格示意图，采用 SZ2 网格，垂向网格按照 20m 一层设置，最大层数为 14 层，最小层数为 5 层，不足 20m 采用近似的方法进行增减层数处理，平均层数为 9 层。

二、数值模型的边界条件

溪洛渡水库 2016 年汛期 9 月 14 日—10 月 5 日单次洪水过程作为数值模拟分析（见图 5-3），以白鹤滩水文站实测的流量和含沙量过程作为数值模型的入口边界条件，从图 5-3（a）中可以看出白鹤滩水文站洪水传播过程中洪峰和沙峰出现的时间不一致，沙峰超前于洪峰；以溪洛渡水库坝前黄角堡水位站的水位过程作为数值模型出口边界条件，如图 5-3（b）所示。

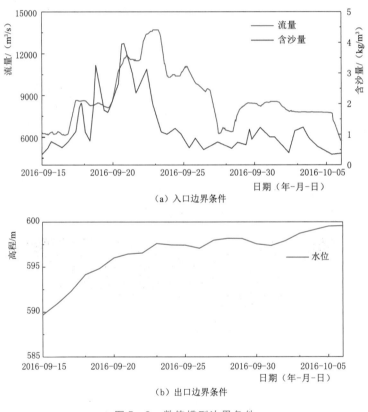

（a）入口边界条件

（b）出口边界条件

图 5-3　数值模型边界条件

溪洛渡水库上游入库泥沙主要来自白鹤滩水库下泄，泥沙主要以悬移质输移为主。白鹤滩水文站实测的 2016 年 9 月月均悬移质泥沙级配见图 5-4，数值模型主要采用了 6 组泥沙级配进行计算，见表 5-2；数值模拟水沙输移过程中没有考虑温度和盐度的影响。

表 5-2　　　　　　　　　悬移质泥沙代表粒径及百分含量

粒径/mm	$d \leqslant 0.004$	$0.004 < d \leqslant 0.008$	$0.008 < d \leqslant 0.016$	$0.016 < d \leqslant 0.031$	$0.031 < d \leqslant 0.062$	$0.062 < d$
含量/%	22.9	18.4	19.5	15.6	11.5	12.1

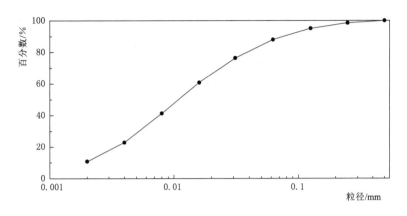

图 5-4   2016 年 9 月白鹤滩月均悬移质泥沙级配

三、数值模型的验证

溪洛渡库区干流中存在较少的水文站，通过白鹤滩水文站的水位、整个库区瞬时的水面线、溪洛渡水文站泥沙含沙量和流量的模拟值和测量值进行对比分析，验证数值模型计算的稳定性和计算结果的正确性。

图 5-5 给出了溪洛渡水文站流量的实测值、日均值和模拟值的对比结果。从结果中可以看出：洪水传播过程中流量的模拟值和测量值大小基本一致，流量模拟值和测量值大小在局部有一定的误差，主要原因在于坝前回水导致流速计算误差和局部库区糙率的影响。

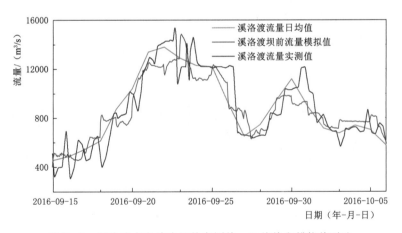

图 5-5   溪洛渡水文站流量的实测值、日均值和模拟值对比

图 5-6 给出了白鹤滩水文站的水位实测值和模拟值的对比结果。从结果中可以看出：洪水传播过程中水位的模拟值和测量值大小基本一致，水位的模拟值和测量值在局部存在一定误差，最大不超过 0.5m，误差主要原因是平面和垂向网格的大小及局部糙率引起，也可能存在测量误差。多组数值模拟算例表明：数值模拟的水位误差对整个库区的流速和泥沙含沙量的计算结果影响较小。

图 5-7 给出了溪洛渡整个库区水面线的瞬时数值模拟结果。由结果可以看出：水面线在整个库区没有明显的波动，说明数值模拟计算稳定性较好和数值模拟结果的正确。

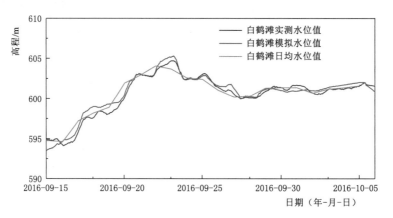

图 5-6　白鹤滩水文站水位模拟值和测量值对比

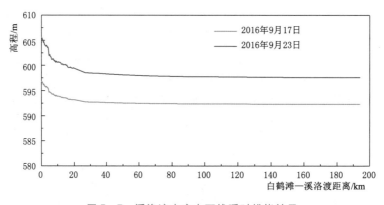

图 5-7　溪洛渡水库水面线瞬时模拟结果

图 5-8 给出了溪洛渡水文站含沙量的实测值、日均值和模拟值的对比结果。从结果

图 5-8　溪洛渡水文站含沙量的实测值、日均值和模拟值对比

中可以看出：洪水传播过程中泥沙含沙量的模拟值和测量值大小基本一致，模拟值和测量值在局部存在一定的误差，可能是复杂地形及泥沙颗粒的特性带来的影响，也可能存在测量上的误差；数值模拟结果中沙峰出现的时刻和测量值存在一定时间间隔，主要是数值模拟的结果是溪洛渡坝前附近的结果，测量值是溪洛渡水文站的实测值，从溪洛渡坝前传播到溪洛渡水文站有一定的传播时间，也有可能是水库提前下泄的原因。

第三节 溪洛渡水库洪峰和沙峰异步运动规律分析

随着溪洛渡水库的蓄水，天然河道转变为水库，洪水在库区传播过程中水流和泥沙传播特性产生了变化[10-12]。图 5-9 给出了洪水在典型水库中传播的示意图，洪水波从在天然河道传播到在水库中传播，洪水波的类型由运动波逐渐转变为动力波，洪峰传播速度会发生变化。根据浅水水波理论[13-14]，当洪水波波高远大于或基本等于基流平均水深时，洪水波以运动波的速度传播，传播速度为 $C=kU$，其中 $k \in (1,2)$，U 为水流平均流速；当洪水波波高远小于基流平均水深时，洪水波以动力波的速度传播，传播速度为 $C=U+\sqrt{gh}$，其中 h 为基流平均水深。泥沙随着水流运动而输移，运动速度基本等于水流的平均流速 U。洪峰在溪洛渡库区天然河道中传播时，传播速度为运动波，波速 $C=kU$，沙峰传播速度基本等于水流平均流速 U，比较洪峰与沙峰的传播速度可知，二者传播速度差别不大。洪峰在溪洛渡水库中传播时，洪峰传播速度为 $C=U+\sqrt{gh}$；随着水深的增加，洪峰传播速度明显增大；同时水深的增加使得水流平均流速 U 减小，沙峰传播速度减慢，造成洪水传播过程中沙峰逐渐滞后于洪峰，洪峰和沙峰存在异步运动的现象。

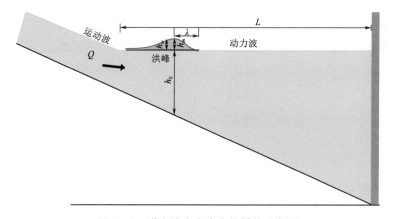

图 5-9 洪水波在水库中传播的示意图

一、溪洛渡水库三维水沙传播数值模拟过程

图 5-10 给出了溪洛渡水库三维数值模拟的流速场和平面流速场的瞬时结果图。从结果中可以看出：在溪洛渡水库的上游流速较大，下游流速较小；库区干流的流速较大，支流的流速较小。

图 5-11 给出了溪洛渡水库三维数值模拟的泥沙含沙量场和平面泥沙含沙量场的瞬时

结果图。从结果中可以看出：在溪洛渡水库的上游泥沙含沙量较大，下游泥沙含沙量较小。

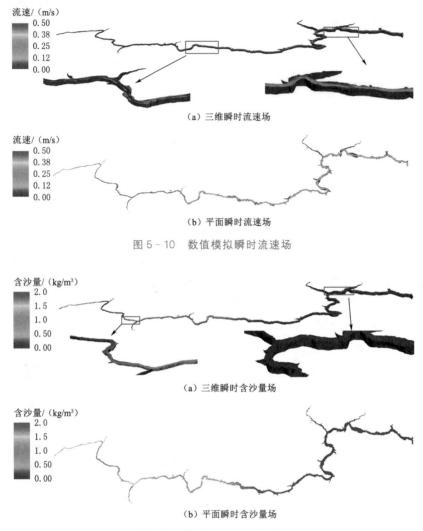

（a）三维瞬时流速场

（b）平面瞬时流速场

图 5-10　数值模拟瞬时流速场

（a）三维瞬时含沙量场

（b）平面瞬时含沙量场

图 5-11　数值模拟瞬时含沙量场

图 5-12～图 5-16 给出了洪水在溪洛渡水库传播过程中，深泓线纵断面垂向上的流速的瞬时分布图。从不同时刻整个库区的流速分布可以看出：在溪洛渡水库上游水深较浅，水流流速较大，在溪洛渡水库坝前水深较大，水流流速较小；垂向上某一位置上部流速较大，底部流速较小。图 5-17～图 5-21 给出了洪水在溪洛渡水库传播过程中，深泓线纵断面垂向上含沙量的瞬时分布图，从整个库区的含沙量在不同时刻分布可以看出：沙峰在溪洛渡水库传播过程中，上游泥沙含沙量较大，随着洪水向下游传播，水深逐渐增加，流速逐渐减小，水体挟沙能力逐渐降低，导致泥沙逐渐落淤，沙峰逐渐衰减，传播到坝前的泥沙含沙量逐渐减小；垂向上某一位置上部含沙量较小，底部含沙量较大。

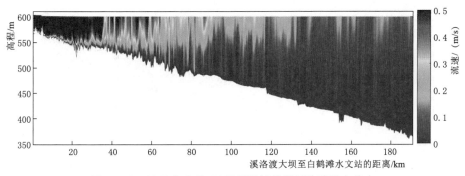

图 5-12　2016 年 9 月 15 日深泓线纵断面流速垂向分布

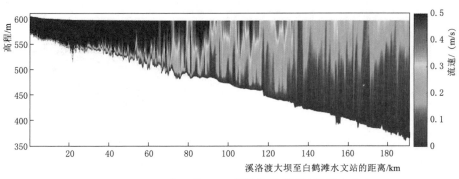

图 5-13　2016 年 9 月 20 日深泓线纵断面流速垂向分布

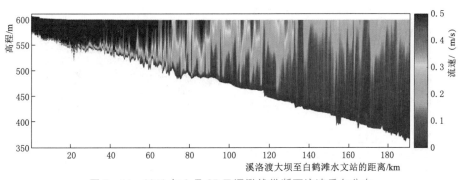

图 5-14　2016 年 9 月 25 日深泓线纵断面流速垂向分布

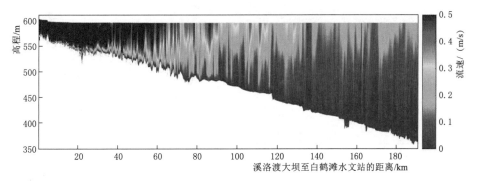

图 5-15　2016 年 9 月 30 日深泓线纵断面流速垂向分布

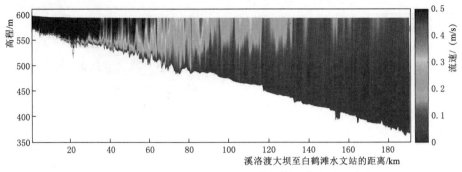

图 5-16　2016 年 10 月 5 日深泓线纵断面流速垂向分布

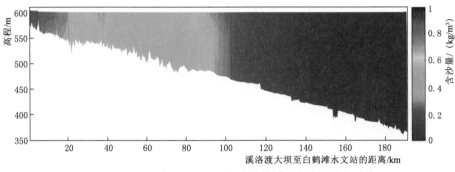

图 5-17　2016 年 9 月 15 日深泓线纵断面含沙量垂向分布

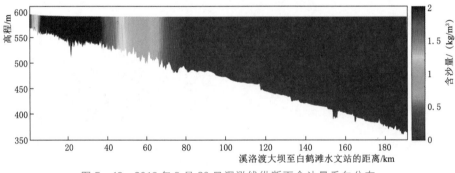

图 5-18　2016 年 9 月 20 日深泓线纵断面含沙量垂向分布

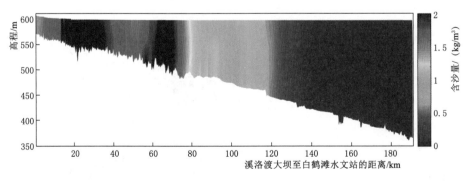

图 5-19　2016 年 9 月 25 日深泓线纵断面含沙量垂向分布

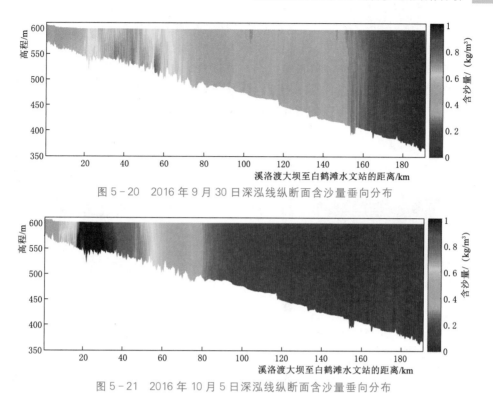

图 5-20　2016 年 9 月 30 日深泓线纵断面含沙量垂向分布

图 5-21　2016 年 10 月 5 日深泓线纵断面含沙量垂向分布

为了分析洪水在溪洛渡库区传播过程中流速和含沙量的断面分布情况，沿程等间距提取 4 个断面（见图 5-22）的流量和含沙量模拟结果进行对比分析。

图 5-22　溪洛渡水库断面位置

图 5-23～图 5-26 分别给出了溪洛渡库区四个断面不同时刻流速和含沙量分布的模拟结果。从各个断面流速分布可以看出：由于边壁阻力的影响在水体的上部流速较大，水体下部流速较小；在断面中间水体流速大，在边壁的流速小。从各个断面含沙量分布可以看出：由于泥沙颗粒受重力的作用不断地沉降落淤，在水体下部含沙量较大，水体上部含沙量较小，并且呈现含沙量分层的分布，同时泥沙含沙量分布也和河势走向、断面几何形态和流速有关。

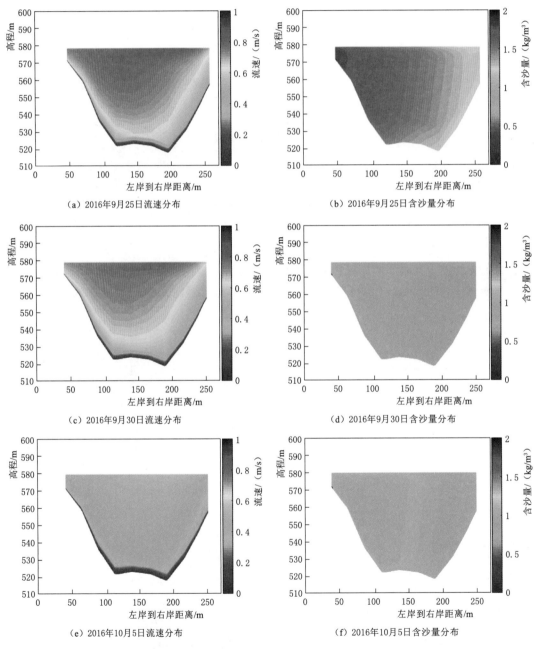

图 5-23　断面 1 不同时刻流速和含沙量分布

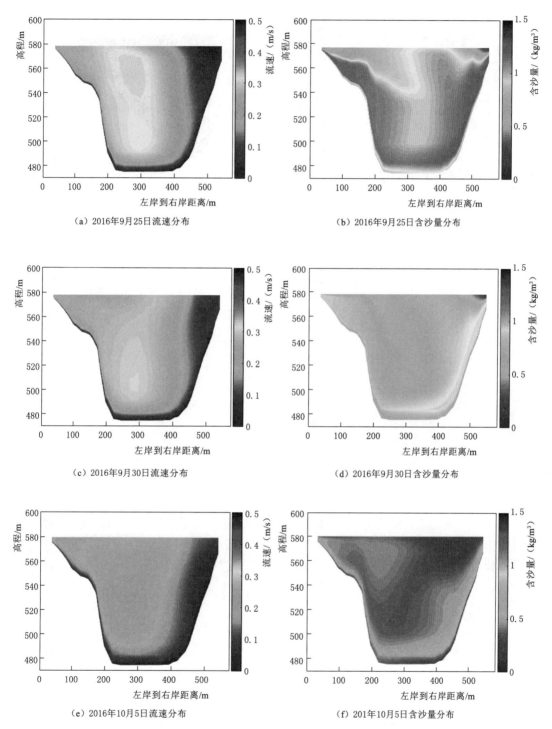

（a）2016年9月25日流速分布　　　　　　　（b）2016年9月25日含沙量分布

（c）2016年9月30日流速分布　　　　　　　（d）2016年9月30日含沙量分布

（e）2016年10月5日流速分布　　　　　　　（f）201年10月5日含沙量分布

图5-24　断面2不同时刻流速和含沙量分布

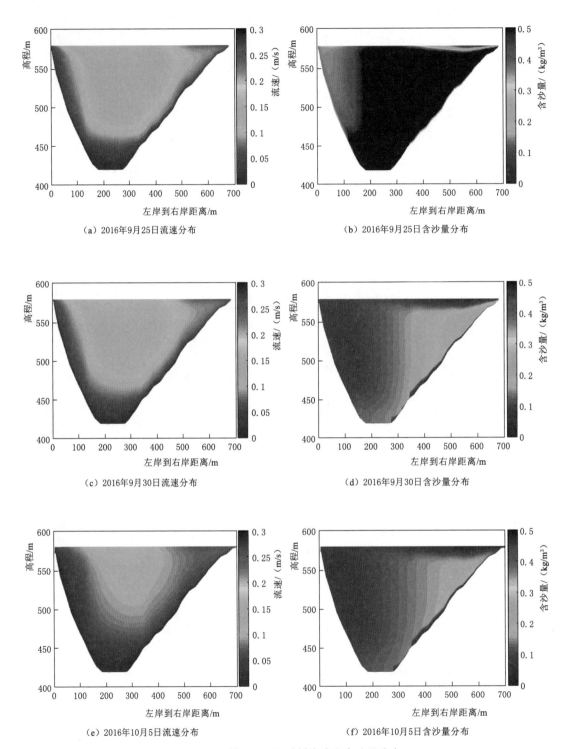

图 5-25　断面 3 不同时刻流速和含沙量分布

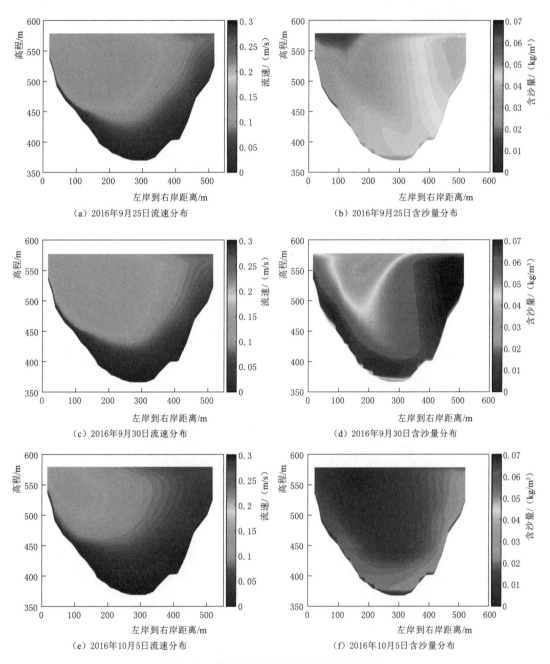

（a）2016年9月25日流速分布

（b）2016年9月25日含沙量分布

（c）2016年9月30日流速分布

（d）2016年9月30日含沙量分布

（e）2016年10月5日流速分布

（f）2016年10月5日含沙量分布

图 5-26　断面 4 不同时刻流速和含沙量分布

二、场次洪水传播过程中洪峰和沙峰异步运动规律

图 5-27 给出了 2016 年 9 月 15 日—10 月 6 日溪洛渡库区等间距 4 个断面流量和含沙量随时间变化的数值模拟结果对比。从流量模拟结果对比可以看出：4 个断面的洪峰出现的时间有较小的差别。从 4 个断面的泥沙含沙量模拟结果对比可以看出：随着洪水向下游

传播，水深不断地增加，流速逐渐的减小，水流挟沙力不断地减小，泥沙不断的落淤，沙峰的峰值逐渐减小；沙峰在不同断面出现的时间有明显的差别。也就是说，洪水在水库向下游传播过程中，洪峰传播速度较大，在不同的位置洪峰出现的时间间隔较小；沙峰传播的速度较小，在下游各个位置沙峰出现的时间间隔较大。

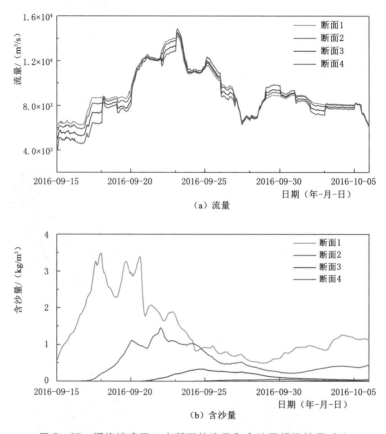

（a）流量

（b）含沙量

图 5 - 27　溪洛渡库区 4 个断面的流量和含沙量模拟结果对比

图 5 - 28 给出了 2016 年 9 月 15 日—10 月 6 日的溪洛渡库区等间距的 4 个断面的流量和含沙量随时间变化的数值模拟结果。从 4 个断面的洪峰和沙峰出现的时间对比来看，沙峰超前于洪峰逐渐转变为沙峰滞后于洪峰，并且滞后时间逐渐加大，原因是在溪洛渡水库库区随着洪水向下游传播，水深逐渐增加，洪峰传播的越来越快，而沙峰传播的越来越慢，两者的异步运动越来越明显，滞后时间差也越来越大。本场次洪水传播过程中洪峰传到坝前的时间为 0.17d，沙峰传播到坝前的时间为 9.5 天，沙峰滞后洪峰的时间为 7.2 天，可以看出洪水在溪洛渡水库传播过程中，洪峰和沙峰的异步运动较为明显，为沙峰的排沙调度提供了有利的条件。

三、沙峰传播特性的影响因素分析

洪水在水库传播过程中，洪峰以动力波传播，传播速度主要与水深有关，且远大于水流的平均速度；泥沙在水库输移过程中，沙峰主要与水流的平均运动速度有关，传播速度

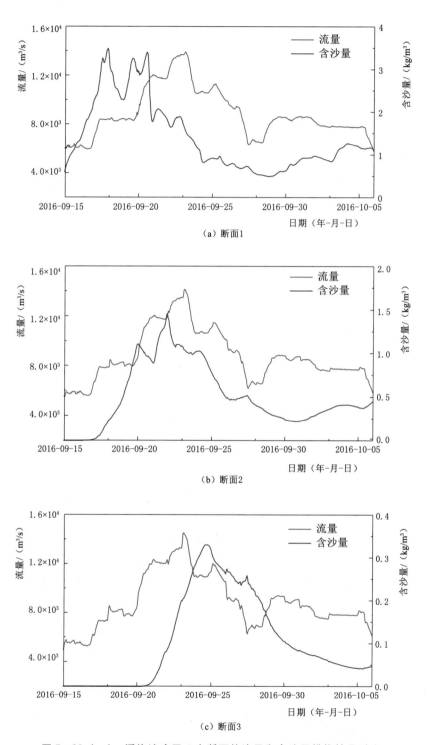

（a）断面1

（b）断面2

（c）断面3

图 5-28（一） 溪洛渡库区 4 个断面的流量和含沙量模拟结果对比

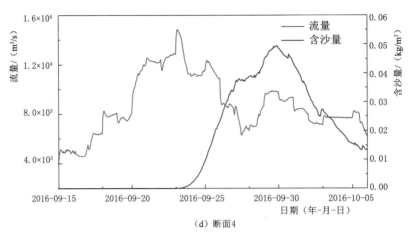

（d）断面4

图5-28（二） 溪洛渡库区4个断面的流量和含沙量模拟结果对比

与入库流量、库区水深和坝前水位有关。为了定量地分析沙峰的传播特性，主要研究不同入库流量和坝前水位下沙峰的传播时间和衰减率，及不同入库含沙量下的沙峰的衰减情况。

沙峰衰减率可以用下式来计算：

$$\alpha = \frac{S_{上游} - S_{下游}}{S_{上游}} \times 100 \tag{5-26}$$

式中：$S_{上游}$、$S_{下游}$ 分别为上游、下游水文站的沙峰含沙量。

当 $\alpha > 0$ 时，表示下游水文站相对于上游水文站沙峰含沙量有所减小；当 $\alpha < 0$ 时，表示下游水文站相对于上游水文站沙峰含沙量有所增加。

1. 入库流量对沙峰传播特性的影响

沙峰的传播时间与水流平均运动速度有关，水流平均速度与入库流量、坝前水位有关。利用数学模型控制入库沙峰含沙量、坝前水位等变量保持不变，研究不同入库流量对沙峰传播特性的影响，计算方案见表5-3。

表5-3 不同入库流量计算条件

计算方案	平均流量 /(m³/s)	沙峰含沙量 /(kg/m³)	坝前水位 /m	计算方案	平均流量 /(m³/s)	沙峰含沙量 /(kg/m³)	坝前水位 /m
C1	8000	2.30	560	C4	20000	2.30	560
C2	12000	2.30	560	C5	24000	2.30	560
C3	16000	2.30	560	C6	28000	2.30	560

不同入库流量下沙峰传播到坝前的时间和衰减率见图5-29、图5-30和表5-4。从图5-29和图5-30中可以看出：随着入库流量的增加，沙峰传播到坝前的时间逐渐减小，同时沙峰传播到坝前的衰减率也逐渐减小。当入库流量为8000m³/s时，沙峰从白鹤滩水文站传播至溪洛渡坝前所需时间为8.7天，衰减率为98%；当入库流量增加至28000m³/s时，沙峰从白鹤滩水文站传播至溪洛渡坝前时间为2.8天，衰减率为78%。入库流量从8000m³/s增加至28000m³/s，沙峰传播到坝前的时间减小了68%，沙峰传播

到坝前的衰减率减小了 21％，即入库流量对沙峰传播到坝前的时间和衰减率影响较大。

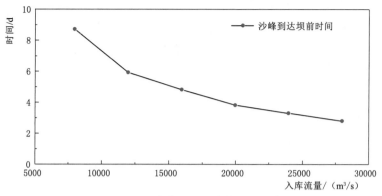

图 5-29 不同入库流量下沙峰传播到坝前的时间

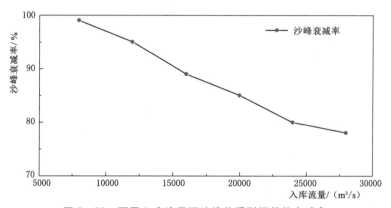

图 5-30 不同入库流量下沙峰传播到坝前的衰减率

表 5-4　　　　　　　不同入库流量下沙峰传播到坝前的时间和衰减率

计算方案	8000m³/s	12000m³/s	16000m³/s	20000m³/s	24000m³/s	28000m³/s
时间/d	8.7	5.9	4.8	3.8	3.3	2.8
入库含沙量/(kg/m³)	2.30	2.30	2.30	2.30	2.30	2.30
坝前含沙量/(kg/m³)	0.02	0.12	0.25	0.34	0.45	0.52
沙峰衰减率/%	99	95	89	85	80	78

2. 坝前水位对沙峰传播特性的影响

利用数学模型控制入库流量和含沙量等变量保持不变，研究不同坝前水位对沙峰传播特性的影响，计算方案见表 5-5。

表 5-5　　　　　　　不同坝前水位计算条件

计算方案	平均流量/(m³/s)	沙峰含沙量/(kg/m³)	坝前水位/m	计算方案	平均流量/(m³/s)	沙峰含沙量/(kg/m³)	坝前水位/m
L1	12000	2.3	550	L3	12000	2.3	570
L2	12000	2.3	560	L4	12000	2.3	580

不同坝前水位下沙峰传播到坝前的时间和衰减率见图 5-31、图 5-32 和表 5-6。从图 5-31 和图 5-32 中可以看出：随着坝前水位的增加，沙峰传播到坝前的时间逐渐增加，同时沙峰传播到坝前的衰减率也逐渐增加。当坝前水位为 550m 时，沙峰从白鹤滩水文站传播至溪洛渡坝前所需时间为 5.4 天，衰减率为 94.8%；当坝前水位为 580m 时，沙峰从白鹤滩水文站传播至溪洛渡坝前时间为 7.5 天，衰减率为 96.1%。坝前水位从 550m 增加至 580m，沙峰传播到坝前的时间增加了 39%，衰减率增加了 2%，即坝前水位对沙峰传播到坝前的时间影响较大，对沙峰传播到坝前的衰减率影响较小。

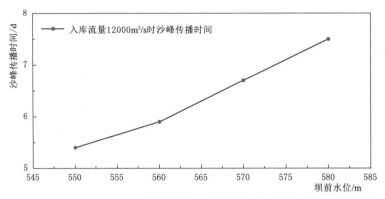

图 5-31　不同坝前水位下沙峰传播到坝前的时间

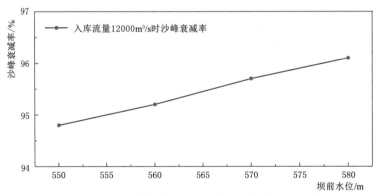

图 5-32　不同坝前水位下沙峰传播到坝前的衰减率

表 5-6　　　　　　　　　不同坝前水位下沙峰传播到坝前的时间和衰减率

计 算 方 案	550m	560m	570m	580m
时间/d	5.4	5.9	6.7	7.5
入库含沙量/(kg/m³)	2.3	2.3	2.3	2.3
坝前含沙量/(kg/m³)	0.12	0.11	0.10	0.09
沙峰衰减率/%	94	95	95	96

3. 入库含沙量对沙峰衰减率的影响

根据 2014—2019 年汛期白鹤滩水文站实测的沙峰含沙量数据，沙峰含沙量基本在 3~8kg/m³ 之间变化，利用数学模型控制入库流量和坝前水位等变量保持不变，研究不同入库含沙量对沙峰传播特性的影响，计算方案见表 5-7。

表 5 - 7　　　　　　　　　　　　不同入库含沙量计算条件

计算方案	平均流量/(m³/s)	沙峰含沙量/(kg/m³)	坝前水位/m	计算方案	平均流量/(m³/s)	沙峰含沙量/(kg/m³)	坝前水位/m
L1	12000	2	560	L3	12000	6	560
L2	12000	4	560	L4	12000	8	560

不同入库含沙量下沙峰传播至坝前的衰减率见图 5 - 33 和表 5 - 8。从图 5 - 33 中可以看出：随着入库含沙量的增加，沙峰传播到坝前的衰减率也逐渐增加。当入库含沙量为 2kg/m³ 时，沙峰从白鹤滩水文站传播至溪洛渡坝前，衰减率为 94.9％；当入库含沙量为 8kg/m³ 时，沙峰从白鹤滩水文站传播至溪洛渡坝前，衰减率为 96.7％。入库含沙量从 2kg/m³ 增加至 8kg/m³，沙峰衰减率增加了 2％，即入库含沙量对沙峰衰减率的影响不明显。

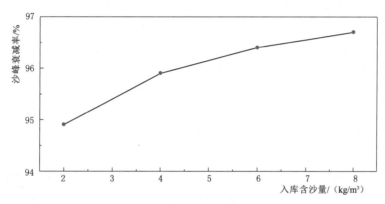

图 5 - 33　不同入库含沙量下沙峰传播至坝前的衰减率

表 5 - 8　　　　　　　　不同入库含沙量下沙峰传播至坝前的衰减率

计 算 方 案	2kg/m³	4kg/m³	6kg/m³	8kg/m³
坝前含沙量/(kg/m³)	0.10	0.16	0.21	0.27
沙峰衰减率/%	94	95	96	96

第四节　溪洛渡水库沙峰排沙优化调度分析

溪洛渡水库蓄水后，库区水位抬高，洪水以重力波的形式传播作用加强，传播速度加快；同时，水库蓄水后由于水流流速减慢，悬移质泥沙输移减慢较多，库区悬移质泥沙输移时间比洪水传播时间滞后较多，形成沙峰滞后洪峰现象，为沙峰排沙调度提供了有利的条件。在满足防洪的前提下，兼顾洪水发电和水库排沙，开展洪峰和沙峰异步运动规律及沙峰排沙优化调度研究，减轻溪洛渡水库的淤积问题。

一、沙峰排沙调度基本原理

水库蓄水运用后，由于库区水位抬高，水流流速减慢，沙峰输移时间较蓄水前增加较多，而洪峰传播时间与坝前水位关系十分明显，坝前水位越高，洪峰传播时间越短。根据洪水在水库传播过程中洪峰和沙峰异步传播特性的研究，沙峰传播至坝前往往滞后于洪峰，为进行沙峰排沙调度提供了有利的时机。沙峰排沙调度的基本思路如图 5-34 所示。

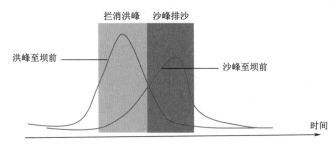

图 5-34 沙峰排沙调度的基本思路

（1）当上游出现较大洪峰和沙峰时，对入库洪水进行拦蓄，蓄一定的水量，使得库区达到一定的库水位。

（2）当沙峰运动至坝前时，在水库来流基础上适当增加水库下泄流量，尽量多下泄高含沙量的水流，即把有限的水量尽量用于坝前含沙量较大的时段下泄，以达到多排沙的目的。

根据上述思路，在整个过程中获得较大的坝前含沙量和足够的水量是排沙的关键，但这两个关键因素又相互制约。前期蓄水位高会减缓泥沙往坝前的传播，并降低坝前含沙量的值，水库排沙的效果主要取决于流量和含沙量的乘积，但如果后期增加的流量可以与蓄水引起的坝前含沙量减小相互抵消或者有更多的抵偿，那么水库排沙效果仍然是好的。此外，三峡水库于 2012 年、2013 年、2018 年实施了沙峰排沙调度试验，取得了较好的效果。

二、场次洪水沙峰排沙优化调度方案

溪洛渡水电站正常蓄水位 600m，汛期限制水位 560m，死水位 540m。调度的基本原则：汛期按汛期限制水位 560m 运行，汛后视来水情况蓄水，水库水位宜于 9 月底蓄至 600m，12 月下旬至 5 月底水库水位降至死水位 540m。初期运行期，库水位上升和下降速度不宜超过 2m/d，在正常运行期的库水位升降速率可放宽至 3~5m/d。向家坝和溪洛渡梯级水库运行应满足向家坝下泄流量不小于 1200m³/s。

为了分析溪洛渡水库场次洪水传播过程中实际运行调度与沙峰排沙调度方案的排沙效果，在满足上述调度基本原则下，设计不同的调度方案进行数值计算，方案设置如下：

方案一：实际运行调度方案，即不进行沙峰调度的水库实际运行方案；方案二：在实际调度方案下，沙峰到达坝前增泄，在 9 月 26 日—10 月 2 日保持出库流量为 10000m³/s，即坝前沙峰排沙调度；方案三：在洪水来临时 9 月 20—25 日先按照一定的流量 12000m³/s 进行下泄，削峰拦蓄，在沙峰来临时 9 月 25—10 月 2 日保持出库流量为 10000m³/s，增泄排沙，即进行坝前沙峰排沙调度。不同调度运行方案下的入库流量、下泄流量及坝前水位如图 5-35~图 5-37 所示。对不同调度运行方案，采用同一数学模型进行模拟，保持水沙计算参数不变，仅不同调度运行方案的坝前水位过程有所区别。

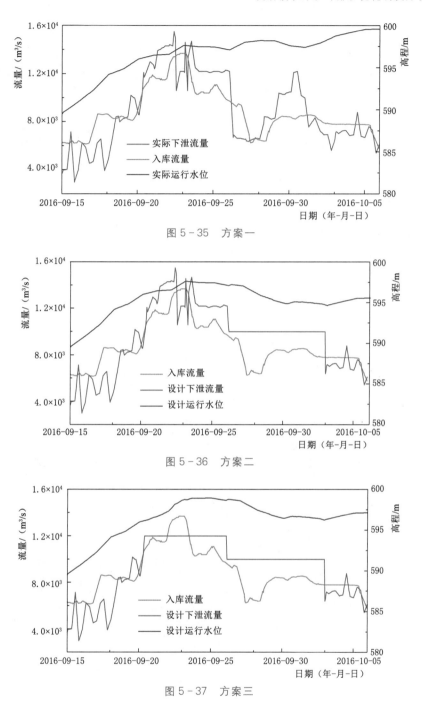

图 5-35　方案一

图 5-36　方案二

图 5-37　方案三

三、不同调度运行方案下库区淤积分布及排沙效果分析

1. 不同调度运行方案下洪峰和沙峰的传播特性

溪洛渡水库在不同调度运行方案下，坝前运行水位不同，则对洪水传播过程中的洪峰和沙峰传播特性有着不同的影响。为了分析洪峰和沙峰在不同调度运行方案下的传播特

性，分别提取了库区等间距的 4 个断面的流量和含沙量变化过程进行分析。

溪洛渡水库在不同调度运行方案下，沿程断面的流量和含沙量变化过程见图 5 - 38，从洪峰出现的时间分析：方案一、方案二和方案三在 4 个断面位置处并没有明显的差别；

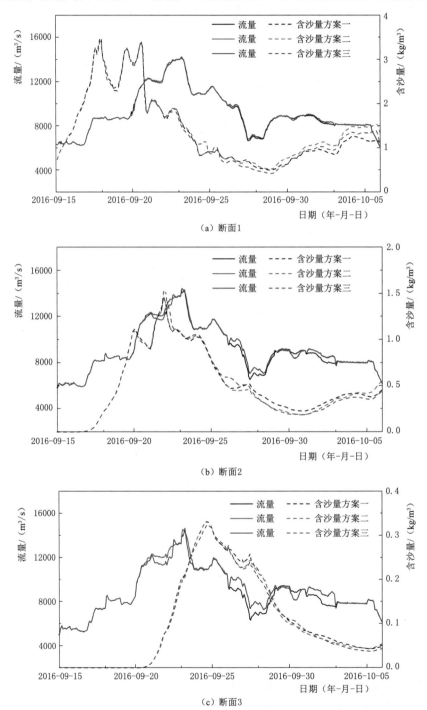

（a）断面1

（b）断面2

（c）断面3

图 5 - 38（一）　不同调度运行方案下各断面的流量和含沙量变化过程

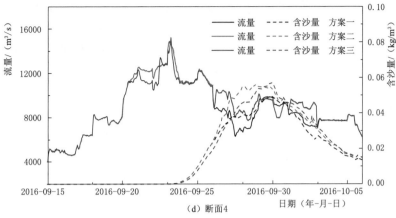

（d）断面4

图5-38（二）　不同调度运行方案下各断面的流量和含沙量变化过程

从沙峰出现的时间分析：在断面1和断面2的位置处，不同调度运行方案的沙峰出现时刻差别较小，在断面3和断面4处，方案二和方案三相对方案一的沙峰出现的时间较为早些。从不同断面位置的洪峰大小分析，随着洪水向下游传播，不同调度运行方案对洪峰大小的影响逐渐增加；从不同断面位置的含沙量大小分析，含沙量的大小与坝前水位有着一定关系，坝前水位越高，含沙量越小；坝前水位越低，含沙量越大；从断面4泥沙含沙量的大小可以明显看出：实际调度运行方案的水位相对沙峰调度运行方案的水位较大，实际调度运行方案一坝前泥沙含沙量较小，沙峰调度运行方案二坝前运行水位小于方案三，方案二的坝前含沙量较大。坝前水位越低，沙峰来临的越快，坝前含沙量也越大，方案二和方案三相对于方案一沙峰出现的时间提前了1天和0.3天，泥沙含沙量的大小增加了10%～15%。总体来看，水库坝前运行水位在一定范围内调节变化，对水库上游的流量和泥沙含沙量影响较小，对坝前流量和泥沙含沙量影响较大。

2. 不同调度运行方案下库区淤积量和排沙比分析

不同调度运行方案下，溪洛渡水库下泄流量不同，坝前运行水位也不同，对库区泥沙淤积分布及排沙比的影响也不同[21]。通过库区淤积量变化和排沙比变化，分析不同调度运行方案的运行效果。

基于不同断面流量和含沙量的数值模拟结果，统计了溪洛渡水库在不同库区段的淤积量，见表5-9。从表5-9中可以看出：单次洪水传播过程中，在不同的排沙调度运行方案下，库区段1存在泥沙的冲刷，库区段2和库区段3存在较大的泥沙淤积，库区段4存在较小的泥沙淤积。从结果可以看出：汛期上游水深较浅，部分河段保持天然河道的状态，存在一定的冲刷；随着洪水向下游传播，水深不断增加，流速减小，水流挟沙能力逐渐减小，粗颗粒泥沙逐渐淤积，较细的泥沙颗粒到达坝前并且浓度较小，泥沙淤积量较小，同时，可以采用沙峰排沙调度尽可能排出较多的泥沙，减小库区淤积。

表5-9　　　　　　　　　不同方案下各库区段的淤积量　　　　　　　　单位：万t

方　案	方案一	方案二	方案三	方　案	方案一	方案二	方案三
库区段1	−0.08	−0.12	−0.06	库区段3	0.21	0.21	0.21
库区段2	0.41	0.46	0.39	库区段4	0.04	0.04	0.04

溪洛渡水库在不同调度运行方案下，坝前下泄流量和含沙量的变化过程见图 5 - 39。从图 5 - 39 中可以看出：沙峰在方案二和方案三出现的时间段，增加了下泄流量。水库的泄洪不等于排沙，在 9 月 21—25 日，方案一和方案二下泄流量较大，但是在这一时间段泥沙的

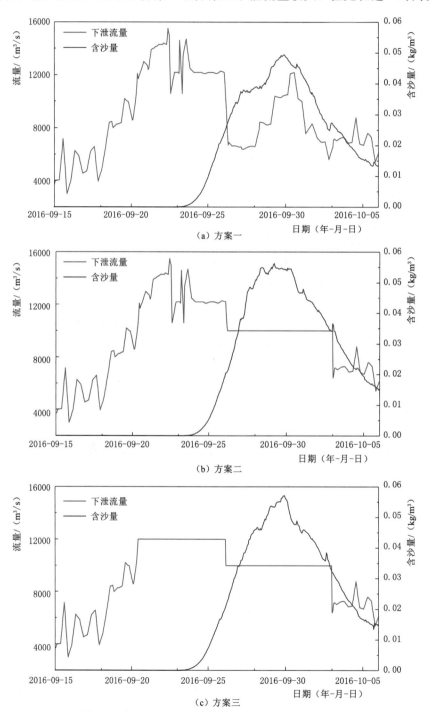

图 5 - 39　在不同调度运行方案下坝前下泄流量和含沙量变化过程

含沙量较小，总的排沙量较小；在 9 月 26 日高浓度泥沙水体出现，在这一时刻增加下泄流量，可以增加排出泥沙的总量。因此，方案二和方案三相对于方案一排沙调度运行方式较好，在高浓度含沙水体到达坝前时，增加下泄流量，排出了较多的沙量，排沙效果较好。

基于不同调度运行方案下的坝前泥沙含沙量和下泄流量，统计了在 9 月 25 日—10 月 5 日期间库区的排沙量，见表 5-10。从表中排沙量来看：在高浓度泥沙到达坝前时，加大下泄流量可以排出较多的沙量，方案二和方案三相对于方案一排沙量分别增加了 32% 和 25%，因此，采用沙峰排沙调度运行模式可以增加排沙量，减小库区的泥沙淤积。

表 5-10　　　　　　　　　不同排沙调度方案的排沙量　　　　　　　　　单位：t

方　案	方案一	方案二	方案三
排沙量	68	90	85

总体来看，溪洛渡水库在初期运行时，从减小库区淤积量角度来分析，进行沙峰排沙调度对减小库区的淤积有利；泥沙传播到坝前时泥沙含沙量较小，排出的沙量体积相对库区库容较小，对减小库区泥沙淤积实际效果不明显。

第五节　溪洛渡库区淤积 100 年及平衡状态沙峰排沙调度分析

从沙峰排沙调度研究可知：溪洛渡水库在初期运行时，从减小库区淤积量角度来看进行沙峰排沙调度对减小库区的淤积有利；但是泥沙传播到坝前时泥沙含沙量较小，排出的沙量体积相对库区库容较小。在第三章第五节在溪洛渡、向家坝水库淤积平衡年限估算中，现行梯级水库运行调度规程下通过分析可知溪洛渡水库淤积 100 年及淤积平衡状态库区形态。本节主要针对溪洛渡水库未来利用沙峰排沙调度的效果进行初步的探讨分析。

一、溪洛渡水库在淤积 100 后沙峰排沙调度分析

利用数学模型控制含沙量、坝前水位等变量保持不变，针对溪洛渡水库淤积 100 年后的库区状态，研究不同入库流量对沙峰传播特性的影响，计算方案见表 5-11。

表 5-11　　　　　　　　　不同入库流量的计算条件

计算方案	平均流量/(m³/s)	沙峰含沙量/(kg/m³)	坝前水位/m	计算方案	平均流量/(m³/s)	沙峰含沙量/(kg/m³)	坝前水位/m
C1	8000	2.3	560	C4	20000	2.3	560
C2	12000	2.3	560	C5	24000	2.3	560
C3	16000	2.3	560	C6	28000	2.3	560

洪水在溪洛渡水库淤积 100 年后的状态下传播时，深泓线纵断面的流速和含沙量垂向分布的瞬时模拟结果见图 5-40。

溪洛渡水库在不同淤积状态下、不同入库流量对沙峰传播特性影响的分析计算结果见图 5-41、图 5-42 和表 5-12。溪洛渡水库淤积 100 年后，随着泥沙在库区的淤积，水深变浅，同样入库流量下水流流速增加，导致沙峰传播到坝前的时间减小，相对初始状态下平均减小了 25%～60%。洪峰传播速度主要与水深有关，水深变浅导致洪峰传播速度减小，

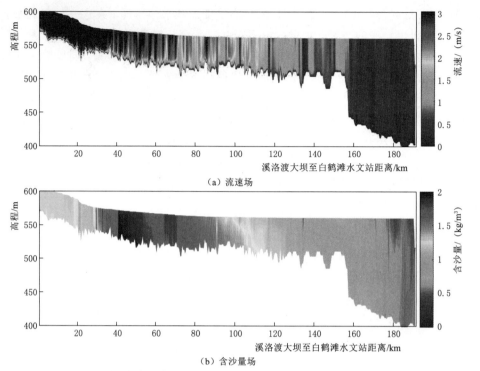

图 5-40 溪洛渡水库淤积 100 年状态下流速和含沙量的瞬时模拟结果

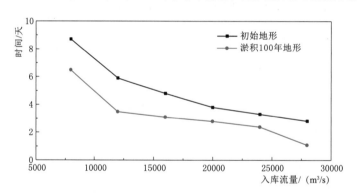

图 5-41 不同库区淤积状态下不同入库流量下沙峰传播到坝前的时间

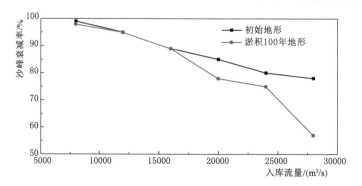

图 5-42 不同库区淤积状态下不同入库流量下沙峰传播到坝前的衰减率

洪峰传播时间的增加，传播到坝前的时间平均为 2 小时。从洪峰和沙峰传播时间分析：溪洛渡水库淤积 100 年后，较小入库流量下沙峰和洪峰的异步运动仍然较为显著；较大入库流量下洪峰和沙峰异步运动现象不明显。

表 5－12　　　　　溪洛渡水库淤积 100 年状态下不同入库流量下沙峰的传播特性

计 算 方 案	8000m³/s	12000m³/s	16000m³/s	20000m³/s	24000m³/s	28000m³/s
时间/天	6.5	3.5	3.1	2.8	2.4	1.1
入库含沙量/(kg/m³)	2.3	2.3	2.3	2.3	2.3	2.3
坝前含沙量/(kg/m³)	0.03	0.11	0.25	0.50	0.57	0.98
沙峰衰减率/%	98	95	89	78	75	57

二、溪洛渡水库淤积平衡状态下沙峰排沙调度分析

溪洛渡水库淤积 200 后库区基本达到淤积平衡状态，成为天然河道。洪水在溪洛渡水库淤积平衡状态下传播时，深泓线纵断面流速和含沙量的数值模拟瞬时模拟结果见图 5－43。

洪水波基流为 4000m³/s，峰值为 16000m³/s 传播时，洪峰传播时间为 0.25 天，沙峰传播时间为 1.6 天，洪峰和沙峰的异步运动现象不明显。

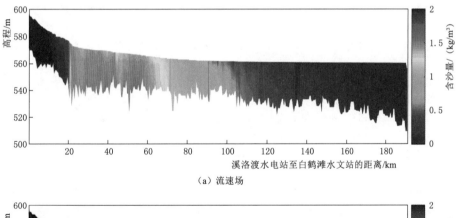

（a）流速场

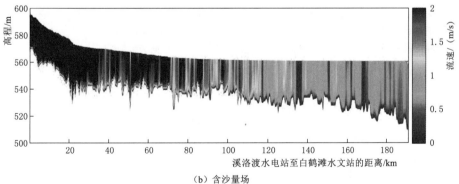

（b）含沙量场

图 5－43　溪洛渡水库淤积平衡状态下流速和含沙量的瞬时模拟结果

参　考　文　献

[1]　韩其为. 水库淤积 ［M］. 北京：科学出版社，2003.

[2]　长江水利委员会水文局，中国三峡建设管理有限公司. 金沙江下游水沙特性、梯级水电站库区和坝下游河道冲淤分析（2020 年度）［R］. 2021.

[3]　国电成都勘测设计研究院. 金沙江溪洛渡水电站可行性研究报告 ［R］. 2001.

[4]　国电中南勘测设计研究院. 金沙江向家坝水电站可行性研究报告 ［R］. 2003.

[5]　武汉大学，华东勘测设计研究院. 金沙江白鹤滩水电站专题研究报告（预可行性研究报告）［R］. 2005.

[6]　长江勘测规划设计研究院. 金沙江乌东德水电站预可行性研究专题报告八：水库泥沙淤积分析研究 ［R］. 2005.

[7]　冯胜航，邓安军，王党伟，尹晔. 溪洛渡水库泥沙淤积特性分析 ［J］. 泥沙研究，2021，46（6）：16 - 22，29.

[8]　尹晔，王党伟，冯胜航，邓安军. 向家坝水电站库区泥沙淤积特性 ［J］. 水电能源科学，2021，39（7）：71 - 75.

[9]　袁晶，许全喜. 金沙江流域水库拦沙效应 ［J］. 水科学进展，2018，29（4）：482 - 491.

[10]　朱玲玲，董先勇，陈泽方. 金沙江下游梯级水库淤积及其对三峡水库影响研究 ［J］. 长江科学院院报，2017，34（3）：1 - 7.

[11]　朱玲玲，陈翠华，张继顺. 金沙江下游水沙变异及其宏观效应研究 ［J］. 泥沙研究，2016（5）：20 - 27.

[12]　秦蕾蕾，董先勇，杜泽东，陈绪坚. 金沙江下游水沙变化特性及梯级水库拦沙分析 ［J］. 泥沙研究，2019，44（3）：24 - 30.

[13]　ZHANG Y，BQPTIST A M. SELFE：A semi-implicit Eulerian-Lagrangian finite-element model for cross-scale ocean circulation ［J］. Ocean Modelling，2008，21，71 - 96.

[14]　ZHANG Y J，YE F，STANEV E V，et al. Seamless cross-scale modelling with SCHISM ［J］. Ocean Modelling，2016，102：64 - 81.

[15]　UMLAUF L，BURCHARD H. A generic length-scale equation for geophysical turbulence models ［J］. Journal of Marine Research，2003，61（2）：235 - 265.

[16]　涂启华，杨赍斐. 泥沙设计手册 ［M］. 北京：中国水利水电出版，2006.

[17]　黄建维. 黏性泥沙在静水中沉降特性的试验研究 ［J］. 泥沙研究，1981，（2）：30 - 41.

[18]　Warner，J. C.，Sherwood，C. R.，Signell，R. P.，et al. Development of a three-dimensional，regional，coupled wave，current，and sediment-transport model ［J］. Computers and Geosciences，2008，34（10）：1284 - 1306.

[19]　Winterwerp J C，Kesteren W G M V，Prooijen B V，et al. A conceptual framework for shear flow-induced erosion of soft cohesive sediment beds ［J］. Journal of Geophysical Research Oceans，2012，117（C10）.

[20]　Xu，J. P.，Noble，M.，Eittreim，S. L. Suspended sediment transport on the continental shelf near Davemport ［J］. California. Marine Geology，2002，181：171 - 193.

[21]　Blaas，M.，Dong，C.，Marchesiello，P.，et al. Sediment-transport modeling on Southern Californian shelves：a ROMS study ［J］. Continental Shelf Research，2007，27：832 - 853.

［22］ 李记泽，叶守泽. 三峡建库后库区洪水波动力特性初步分析［J］. 水电能源科学，1991，9（4）：265－273.

［23］ 张地继，董炳江，杨霞，等. 三峡水库库区沙峰输移特性研究［J］. 人民长江，2018，49（2）：23－28.

［24］ 张帮稳，吴保生，章若茵. 三峡库区汛期洪峰和沙峰异步运动特性的三维数值模拟［J］. 水科学进展，2021，32（3）：10.

［25］ Ferrick M G. Analysis of River Wave Types［J］. Water Resources Research，1985，21（2）：209－220.

［26］ Singh V P，Li J. Identification of reservoir flood-wave models. Journal of Hydraulic Research［J］. 1993，31（6）：811－824.

［27］ 黄仁勇，舒彩文，谈广鸣. 三峡水库汛期沙峰输移特性初步研究［J］. 应用基础与工程科学学报，2019（6）：1202－1210.

［28］ 张为，李昕，任金秋，董炳江. 梯级水库蓄水对三峡水库洪峰沙峰异步特性的影响［J］. 水科学进展，2020，31（4）：481－490.

［29］ ZHANG，B W，WU B S，Zhang R Y，et al. 3D numerical modelling of asynchronous propagation characteristics of flood and sediment peaks in three gorges reservoir［J］. Journal of Hydrology，2012，593（2）：125896.

［30］ 董炳江，乔伟，许全喜. 三峡水库汛期沙峰排沙调度研究与初步实践［J］. 人民长江，2014，45（3）：7－11.

［31］ 董炳江，陈显维，许全喜. 三峡水库沙峰调度试验研究与思考［J］. 人民长江，2014，45（19）：1－5.

［32］ 李秋平，胡琼方，邹涛，等. 三峡水库 2018 年 7 月洪水期间泥沙输移特性分析［J］. 水利水电快报，2019，4（2）：70－76.

［33］ ZHANG B W，WU B S，REN S，et al. Large-scale 3D numerical modelling of flood propagation and sediment transport and operational strategy in the Three Gorges Reservoir［J］. China，Journal of Hydro-environment Research，2012，36：33－49.